PREFACE

수질환경분석 교재는 수질오염물질 분석에 대한 전반적인 내용은 물론이고 안전한 실험실 관리와 분석자의 안전을 위한 길잡이로서 수질오염공정시험기준의 총칙 및 정도보증/정도관리를 이해하고, 수질오염물질 분석에서 가장 핵심적인 항목들의 시약제조방법과 분석과정 그리고 답안지 작성방법 등을 위주로 상세한 설명과 해설로 구성되어 있습니다.

수질환경분석 교재는 수질환경 분석의 기초를 정립함은 물론이고 수질환경 분석에 입문하는 초보자들도 쉽게 수질환경 분석을 이해하고 분석을 수행할 수 있도록 구성되어 있는 것이 특징입니다. 그리고 수질환경분석 교재의 출간 목적은 수질환경 분석에 입문하는 환경인들이 수질오염물질을 분석함에 있어서 시약제조방법에서 분석과정 그리고 답안지 작성까지 보다 쉽게 이해하고, 분석을 정확하게 할 수 있도록 함은 물론이고 실험실 안전원칙과 실험실 안전규칙을 준수하여 가장 안전하게 수질오염물질 분석을 수행할 수 있도록 길잡이가 되는 것입니다.

■ 본 교재의 특징 ■

Part 01 | 총칙

수질오염공정시험기준에서 수질환경 분석을 위한 가장 기초적인 Part로서 실험을 수행하기 위한 기자재 및 시약 그리고 분석에 사용되는 관련용어 등에 대한 내용을 파악하도록 하였습니다.

Part 02 | 정도보증(QA)/정도관리(QC)

환경측정의 정도보증/정도관리는 측정 및 분석 결과의 정밀도와 정확도를 관리하고 보증하여 국가적인 환경정책 결정과 산업체의 오염물질 관리 및 국민의 삶의 질 관리에 기여하는 것이 목적입니다.

Part 3 | 실험실 안전(Laboratory Safety)

수질환경 분석을 수행하는 과정에서 가장 중요한 점이 분석자의 안전입니다. 따라서 실험실 안전원칙과 실험실 안전규칙을 준수하여 사고를 미연에 방지하는 것은 물론이고 사고가 발생했을 때 신속한 조치로 피해를 줄이고자 함에 목적이 있습니다.

Part 4 | 수질오염물질 분석(Water Pollutants Analysis)

총 질소, 용해성 철, 암모니아성 질소, 총 인, 용존산소에 대한 시약제조방법 및 실험수행과정에 대한 구체적인 해설과 설명으로 누구나 쉽게 분석과정을 이해하고 수질환경분석을 수행할 수 있도록 구성되어 있으며, 모범 답안지와 연습용 답안지를 제시하여 수질환경분석과정에서 도출된 data를 이용하여 수질환경분석 시 제시하는 요구조건에 알맞게 답안지를 작성할 수 있도록 하였습니다.

아무쪼록 본 교재를 통해서 수질환경분석에 관한 내용들을 쉽게 이해하고 수질오염물질들을정확하게 분석하는 방법을 습득하며, 실험실 안전원칙과 실험실 안전규칙을 준수하여 분석자가 아무런 사고없이 안전하게 수질환경 분석을 수행할 수 있기를 바랍니다.

그리고 저자와 출판사 임직원들은 수질환경분석 교재가 환경분야의 Best 교재가 될 수 있도록 항상 최선의 노력을 다하겠습니다.

마지막으로 본 교재가 출간되기까지 수고를 아끼지 않으신 도서출판 구민사 대표님을 비롯한 임직원 여러분들께 진심으로 감사의 말씀을 드립니다.

저자 씀

홈페이지 | www.환경에듀.com

CONTENTS

PART 01. 총칙

PART 02. 정도보증(QA)/정도관리(QC)

PART 03. 실험실 안전

PART 04. 수질오염물질 분석

PART 01

총칙

PART 01 총칙

water environment analysis

1 목적

이 시험기준은 「환경분야 시험·검사 등에 관한 법률」 제6조에 따라 수질오염물질을 정함에 있어 측정의 정확성 및 통일성을 유지하기 위하여 필요한 제반사항에 대하여 규정함을 목적으로 한다.

2 적용범위

(1) 「환경정책기본법」 제10조 환경기준 중 하천 및 호소에 대한 수질기준의 적합여부, 「물환경보전법」 제12조 제3항 공공폐수처리시설의 방류수수질기준, 제21조의 2 물놀이 등의 행위제한 권고기준 및 제32조 배출허용기준의 적합여부, 「하수도법」 제7조 방류수수질기준의 적합여부, 「가축분뇨의 이용 및 관리에 관한 법률」 제13조의 방류수수질기준의 적합여부, 「지하수법」 제20조 지하수의 수질기준 적합여부 등은 수질오염공정시험기준(이하 "공정시험기준"이라 한다)에 따라 시험 판정한다.

(2) 「물환경보전법」 에 따른 오염실태조사 중 하천 및 호소의 오염상황조사, 「지하수법」 에 따른 지하수오염 실태조사는 따로 규정이 없는 한 이 공정시험기준의 규정에 따라 시험한다.

(3) 수질오염물질의 측정에 관해서는 다른 법령(고시 등을 포함한다)에 특별히 정하고 있지 아니한 경우에는 이 공정시험기준에 따라 시험 판정한다.

(4) 공정시험기준 이외의 방법이라도 측정결과가 같거나 그 이상의 정확도가 있다고 국내외에서 공인된 방법은 이를 사용할 수 있다.

(5) 하나 이상의 공정시험기준으로 시험한 결과가 서로 달라 제반 기준의 적부 판정에 영향을 줄 경우에는 항목별 공정시험기준의 주시험법에 의한 분석 성적에 의하여 판정한다. 단, 주시험법은 따로 규정이 없는 한 항목별 공정시험기준의 1법으로 한다.

3 표시방법

(1) 단위 및 기호

단위 및 기호는 KS A ISO 1000 국제단위계(SI) 및 그 사용방법에 대한 규정에 따른다.

(2) 농도 표시

① 백분율(Parts Per Hundred)은 용액 100mL 중의 성분무게(g), 또는 기체 100mL 중의 성분무게(g)를 표시할 때는 W/V %, 용액 100mL 중의 성분용량(mL), 또는 기체 100mL 중의 성분용량(mL)을 표시할 때는 V/V%, 용액 100g 중 성분용량(mL)을 표시할 때는 V/W%, 용액 100g 중 성분무게(g)를 표시할 때는 W/V%의 기호를 쓴다. 다만, 용액의 농도를 "%"로만 표시할 때는 W/V%를 말한다.

② 천분율(ppt, parts per thousand)을 표시할 때는 g/L, g/kg의 기호를 쓴다.

③ 백만분율(ppm, parts per million)을 표시할 때는 mg/L, mg/kg의 기호를 쓴다.

④ 십억분율(ppb, parts per billion)을 표시할 때는 μg/L, μg/kg의 기호를 쓴다.

⑤ 기체 중의 농도는 표준상태(0 ℃, 1기압)로 환산 표시한다.

(3) 온도 표시

① 온도의 표시는 셀시우스(Celcius) 법에 따라 아라비아 숫자의 오른쪽에 ℃를 붙인다. 절대온도는 K로 표시하고, 절대온도 0 K는 −273℃로 한다.

② 표준온도는 0℃, 상온은 15～25℃, 실온은 1～35℃로 하고, 찬 곳은 따로 규정이 없는 한 0～15℃의 곳을 뜻한다.

③ 냉수는 15℃ 이하, 온수는 60～70℃, 열수는 약 100℃를 말한다.

④ "수욕상 또는 수욕중에서 가열한다"라 함은 따로 규정이 없는 한 수온 100℃에서 가열함을 뜻하고 약 100℃의 증기욕을 쓸 수 있다.

⑤ 각각의 시험은 따로 규정이 없는 한 상온에서 조작하고 조작 직후에 그 결과를 관찰한다. 단, 온도의 영향이 있는 것의 판정은 표준온도를 기준으로 한다.

4 기구 및 기기

공정시험기준에서 사용하는 모든 기구 및 기기는 측정결과에 대한 오차가 허용되는 범위 이내인 것을 사용하여야 한다.

(1) 기구

공정시험기준에서 사용하는 모든 유리기구는 KS L 2302 이화학용 유리기구의 모양 및 치수에 적합한 것 또는 이와 동등이상의 규격에 적합한 것으로, 국가 또는 국가에서 지정하는 기관에서 검정을 필한 것을 사용하여야 한다.

(2) 기기

① 공정시험기준의 분석절차 중 일부 또는 전체를 자동화한 기기가 정도관리 목표 수준에 적합하고, 그 기기를 사용한 방법이 국내외에서 공인된 방법으로 인정되는 경우 이를 사용할 수 있다.

② 연속측정 또는 현장측정의 목적으로 사용하는 측정기기는 공정시험기준에 의한 측정치와의 정확한 보정을 행한 후 사용할 수 있다.

③ 분석용 저울은 0.1mg까지 달 수 있는 것이어야 하며, 분석용 저울 및 분동은 국가 검정을 필한 것을 사용하여야 한다.

5 시약 및 용액

(1) 시약

① 시험에 사용하는 시약은 따로 규정이 없는 한 1급 이상 또는 이와 동등한 규격의 시약을 사용하여 각 시험항목별 4.0 시약 및 표준용액에 따라 조제하여야 한다.

② 이 공정시험기준에서 각 항목의 분석에 사용되는 표준물질은 소급성이 인증된 것을 사용한다.

(2) 용액

① 용액의 앞에 몇 %라고 한 것(예 : 20% 수산화나트륨 용액)은 수용액을 말하며, 따로 조제방법을 기재하지 아니하였으며 일반적으로 용액 100mL에 녹아있는 용질의 g수를 나타낸다.

② 용액 다음의 (   )안에 몇 N, 몇 M, 또는 %라고 한 것(예 : 아황산나트륨용액(0.1N), 아질산나트륨용액(0.1M), 구연산이암모늄용액(20%))은 용액의 조제방법에 따라 조제하여야 한다.

③ 용액의 농도를 (1 → 10), (1 → 100) 또는 (1 → 1000) 등으로 표시하는 것은 고체 성분에 있어서는 1g, 액체성분에 있어서는 1mL를 용매에 녹여 전체 양을 10mL, 100mL 또는 1,000mL로 하는 비율을 표시한 것이다.

④ 액체 시약의 농도에 있어서 예를 들어 염산(1+2)이라고 되어있을 때에는 염산 1mL와 물 2mL를 혼합하여 조제한 것을 말한다.

6 시험결과의 표시 검토

(1) 시험성적수치는 따로 규정이 없는 한 KS Q 5002(데이터의 통계적 해석방법-제1부 : 데이터 통계적 기술)의 수치의 맺음법에 따라 기록한다.

(2) 시험결과의 표시는 정량한계의 결과 표시 자리수를 따르며, 정량한계 미만은 불검출된 것으로 간주한다. 다만, 정도관리/정도보증의 절차에 따라 시험하여 목표값보다 낮은 정량한계를 제시한 경우에는 정량한계 미만의 시험결과를 표시할 수 있다.

7 관련 용어의 정의

(1) 시험조작 중 "즉시"란 30초 이내에 표시된 조작을 하는 것을 뜻한다.

(2) "감압 또는 진공"이라 함은 따로 규정이 없는 한 15mmHg 이하를 뜻한다.

(3) "이상"과 "초과", "이하", "미만"이라고 기재하였을 때는 "이상"과 "이하"는 기산점 또는 기준점인 숫자를 포함하며, "초과"와 "미만"의 기산점 또는 기준점인 숫자를 포함하지 않는 것을 뜻한다. 또 "a∼b"라 표시한 것은 a 이상 b 이하임을 뜻한다.

(4) "바탕시험을 하여 보정한다"라 함은 시료에 대한 처리 및 측정을 할 때, 시료를 사용하지 않고 같은 방법으로 조작한 측정치를 빼는 것을 뜻한다.

(5) 방울수라 함은 20℃에서 정제수 20 방울을 적하할 때, 그 부피가 약 1mL 되는 것을 뜻한다.

(6) "항량으로 될 때까지 건조한다"라 함은 같은 조건에서 1시간 더 건조할 때 전후 무게의 차가 g당 0.3mg 이하일 때를 말한다.

(7) 용액의 산성, 중성, 또는 알칼리성을 검사할 때는 따로 규정이 없는 한 유리전극법에 의한 pH미터로 측정하고 구체적으로 표시할 때는 pH 값을 쓴다.

(8) 여과용 기구 및 기기를 기재하지 않고 "여과한다"라고 하는 것은 KSM 7602 거름종이 5종 또는 이와 동등한 여과지를 사용하여 여과함을 말한다.

(9) "정밀히 단다"라 함은 규정된 양의 시료를 취하여 화학저울 또는 미량저울로 칭량함을 말한다.

(10) 무게를 "정확히 단다"라 함은 규정된 수치의 무게를 0.1mg까지 다는 것을 말한다.

(11) "정확히 취하여"라 하는 것은 규정한 양의 액체를 부피피펫으로 눈금까지 취하는 것을 말한다.

(12) "약"이라 함은 기재된 양에 대하여 ± 10% 이상의 차가 있어서는 안 된다.

(13) "냄새가 없다"라고 기재한 것은 냄새가 없거나, 또는 거의 없는 것을 표시하는 것이다.

(14) 시험에 쓰는 물은 따로 규정이 없는 한 증류수 또는 정제수로 한다.

(15) 용기

① "용기"라 함은 시험용액 또는 시험에 관계된 물질을 보존, 운반 또는 조작하기 위하여 넣어두는 것으로 시험에 지장을 주지 않도록 깨끗한 것을 뜻한다.

② "밀폐용기"라 함은 취급 또는 저장하는 동안에 이물질이 들어가거나 또는 내용물이 손실되지 아니하도록 보호하는 용기를 말한다.

③ "기밀용기"라 함은 취급 또는 저장하는 동안에 밖으로부터의 공기 또는 다른 가스가 침입하지 아니하도록 내용물을 보호하는 용기를 말한다.

④ "밀봉용기"라 함은 취급 또는 저장하는 동안에 기체 또는 미생물이 침입하지 아니하도록 내용물을 보호하는 용기를 말한다.

⑤ "차광용기"라 함은 광선이 투과하지 않는 용기 또는 투과하지 않게 포장을 한 용기이며 취급 또는 저장하는 동안에 내용물이 광화학적 변화를 일으키지 아니하도록 방지할 수 있는 용기를 말한다.

PART 02

정도보증(QA)/정도관리(QC)

PART 02 정도보증(QA)/정도관리(QC)

water environment analysis

1 목적

환경측정의 정도보증/정도관리는 측정· 분석 결과의 정밀·정확도를 관리하고 보증하여 국가적인 환경정책 결정, 산업체의 오염물질 관리 및 국민의 삶의 질 관리에 기여하는 것을 그 목적으로 한다.

2 적용범위

이 규격은 환경오염공정시험기준의 시험분석 결과에 영향을 미치는 정도보증/정도관리 및 목표 설정의 일반적인 절차에 적용한다.

3 정도관리 요소

(1) 바탕시료

① 방법바탕시료

방법바탕시료(method blank)는 시료와 유사한 매질을 선택하여 추출, 농축, 정제 및 분석 과정에 따라 측정한 것을 말하며, 이때 매질, 실험절차, 시약 및 측정 장비 등으로부터 발생하는 오염물질을 확인할 수 있다.

② 시약바탕시료

시약바탕시료(reagent blank)는 시료를 사용하지 않고 추출, 농축, 정제 및 분석 과정에 따라 모든 시약과 용매를 처리하여 측정한 것을 말하며, 이때 실험절차, 시약 및 측정 장비 등으로부터 발생하는 오염물질을 확인할 수 있다.

(2) 검정곡선

검정곡선(calibration curve)은 분석물질의 농도변화에 따른 지시값을 나타낸 것으로 시료 중 분석 대상 물질의 농도를 포함하도록 범위를 설정하고, 검정곡선 작성용 표준용액은 가급적 시료의 매질과 비슷하게 제조하여야 한다.

① 검정곡선법

검정곡선법(external standard method)은 시료의 농도와 지시값과의 상관성을 검정곡선 식에 대입하여 작성하는 방법이다.

㉠ 검정곡선은 직선성이 유지되는 농도범위 내에서 제조농도 3개~5개를 사용한다.

㉡ 제조한 n개의 검정곡선 작성용 표준용액을 분석하여 농도와 지시값의 자료를 각각 얻는다.

㉢ n개의 시료에 대하여 농도와 지시값 쌍을 각각 $(x_1,\ y_1),\cdots\cdots,(x_n,\ y_n)$이라 하고, 그림 1과 같이 농도에 대한 지시값의 검정곡선을 도시한다.

㉣ 검정곡선 작성용 표준용액의 농도와 지시값의 상관성을 1차식으로 표현하는 경우 검정곡선식은 다음과 같다.

$$y = a_0 + a_1 \cdot x$$

여기서 y는 지시값, x는 농도, a_0, a_1는 계수로서 시료의 농도는 시료의 지시값을 검정곡선식에 대입하여 구한다.

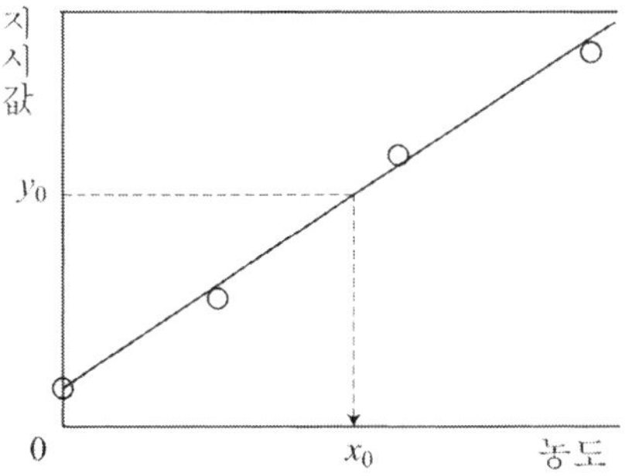

|그림 1| 검정곡선법에 의한 검정곡선

② 표준물첨가법

표준물첨가법(standard addition method)은 시료와 동일한 매질에 일정량의 표준물질을 첨가하여 검정곡선을 작성하는 방법으로써, 매질효과가 큰 시험 분석 방법에서 분석 대상 시료와 동일한 매질의 표준시료를 확보하지 못한 경우에 매질효과를 보정하여 분석할 수 있는 방법이다.

㉠ 분석대상 시료를 n개로 나눈 후 분석하려는 대상 성분의 표준물질을 0배, 1배, ……, n-1배로 각각의 시료에 첨가한다.

㉡ n개의 첨가 시료를 분석하여 첨가 농도와 지시값의 자료를 각각 얻는다. 이때 첨가 시료의 지시값은 바탕값을 보정(바탕시료 및 바탕선의 보정 등)하여 사용하여야 한다.

㉢ n개의 시료에 대하여 첨가 농도와 지시값 쌍을 각각 $(x_1,\ y_1),\cdots\cdots,(x_n,\ y_n)$이라 하고, 그림 2와 같이 첨가 농도에 대한 지시값의 검정곡선을 도시하면, 시료의 농도는 $|x_0|$이다.

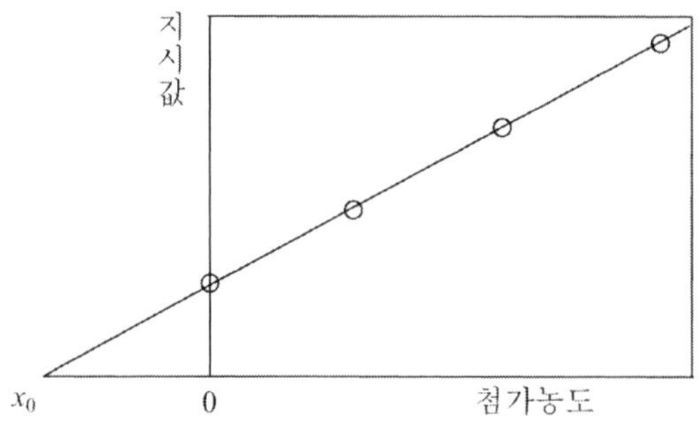

|그림 2| 표준물첨가법에 의한 검정곡선

③ 내부표준법

내부표준법(internal standard calibration)은 검정곡선 작성용 표준용액과 시료에 동일한 양의 내부표준물질을 첨가하여 시험분석 절차, 기기 또는 시스템의 변동으로 발생하는 오차를 보정하기 위해 사용하는 방법이다. 내부표준법은 시험 분석하려는 성분과 물리 · 화학적 성질은 유사하나 시료에는 없는 순수 물질을 내부표준물질로 선택한다. 일반적으로 내부표준물질로는 분석하려는 성분에 동위원소가 치환된 것을 많이 사용하며, 절차는 다음과 같다.

㉠ 동일한 양의 내부표준물질을 분석 대상 시료와 검정곡선 작성용 표준용액에 각각 첨가한다. 내부표준물질의 농도는 분석 대상 성분의 기기 지시값과 비슷한 수준이 되도록 한다.

㉡ 분석기기를 이용하여 시료와 검정곡선 작성용 표준용액의 내부표준물질과 측정 성분의 지시값을 각각 구한다.

㉢ 검정곡선 작성을 위하여 가로축에 성분 농도(C_x)와 내부표준물질 농도 (C_s)의 비(C_x/C_s)을 취하고 세로축에는 분석 성분의 지시값(R_x)과 내부표준물질 지시값(R_s)의 비(R_x/R_s)을 취하여 그림 3과 같이 작성한다.

㉣ 시료를 분석하여 얻은 분석 성분의 지시값(R_x')과 내부표준물질 지시값 (R_s')의 비(R_x'/R_s')를 구한 후 검정곡선에 대입하여 분석 성분 농도(C_x')와 내부표준물질 농도(C_s')와의 비(C_x'/C_s')를 구한다.

㉤ 분석 성분 농도(C_x')와 내부표준물질 농도(C_s')의 비(C_x'/C_s')에 첨가한 내부표준물질 농도(C_s')를 곱하여 시료의 농도(C_x')를 구한다.

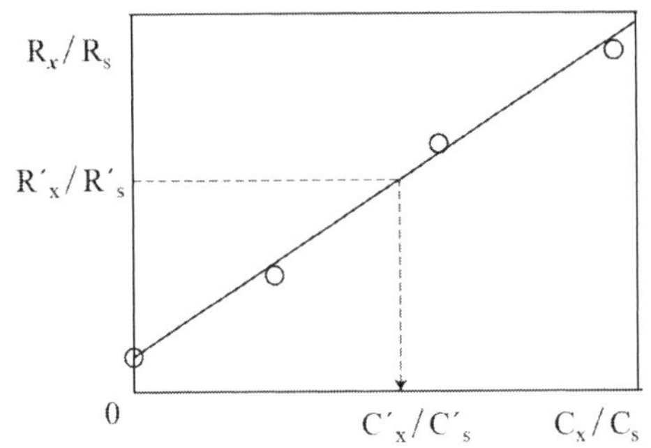

|그림 3| 내부표준법에 의한 검정곡선

④ 검정곡선의 작성 및 검증

㉠ 검정곡선을 작성하고 얻어진 검정곡선의 결정계수(R^2) 또는 감응계수(RF, responsefactor)의 상대표준편차가 일정 수준 이내이어야 하며, 결정계수나 감응계수의 상대표준편차가 허용범위를 벗어나면 재작성하여야 한다.

② 감응계수는 검정곡선 작성용 표준용액의 농도(C)에 대한 반응값(R, response)으로 다음과 같이 구한다.

$$감응계수 = \frac{R}{C}$$

③ 검정곡선은 분석할 때마다 작성하는 것이 원칙이며, 분석 과정 중 검정곡선의 직선성을 검증하기 위하여 각 시료군(시료 20개 이내)마다 1회의 검정곡선 검증을 실시한다.

④ 검증은 방법검출한계의 5배~50배 또는 검정곡선의 중간 농도에 해당하는 표준용액에 대한 측정값이 검정곡선 작성 시의 지시값과 10% 이내에서 일치하여야 한다. 만약 이 범위를 넘는 경우 검정곡선을 재작성하여야 한다.

(3) 검출한계

① 기기검출한계

기기검출한계(IDL, instrument detection limit)란 시험분석 대상물질을 기기가 검출할 수 있는 최소한의 농도 또는 양으로서, 일반적으로 S/N 비의 2배~5배 농도 또는 바탕시료를 반복 측정 분석한 결과의 표준편차에 3배한 값 등을 말한다.

② 방법검출한계

방법검출한계(MDL, method detection limit)란 시료와 비슷한 매질 중에서 시험분석 대상을 검출할 수 있는 최소한의 농도로서, 제시된 정량한계 부근의 농도를 포함하도록 준비한 n개의 시료를 반복 측정하여 얻은 결과의 표준편차(S)에 99% 신뢰도에서의 t-분포값을 곱한 것이다.

$$방법검출한계 = t_{(n-1,\ a=0.01)} \times S$$

여기서 t(n−1, α =0.01)는 아래의 표에서 구한다.

자유도(n−1)	2	3	4	5	6	7	8	9
t-분포값	6.96	4.54	3.75	3.36	3.14	3	2.9	2.82

③ 정량한계

정량한계(LOQ, limit of quantification)란 시험분석 대상을 정량화할 수 있는 측정값으로서, 제시된 정량한계 부근의 농도를 포함하도록 시료를 준비하고 이를 반복 측정하여 얻은 결과의 표준편차(S)에 10배한 값을 사용한다.

$$\text{정량한계} = 10 \times S$$

(4) 정밀도

정밀도(precision)는 시험분석 결과의 반복성을 나타내는 것으로 반복 시험하여 얻은 결과를 상대표준편차(RSD, relative standard deviation)로 나타내며, 연속적으로 n회 측정한 결과의 평균값($\bar{x}$)과 표준편차(s)로 구한다.

$$\text{정밀도}(\%) = \frac{s}{\bar{x}} \times 100$$

(5) 정확도

① 정확도(accuracy)란 시험분석 결과가 참값에 얼마나 근접하는가를 나타내는 것으로 동일한 매질의 인증시료를 확보할 수 있는 경우에는 표준절차서(SOP, standard operational procedure)에 따라 인증표준물질을 분석한 결과값(CM)과 인증값(CC)과의 상대백분율로 구한다.

② 인증시료를 확보할 수 없는 경우에는 해당 표준물질을 첨가하여 시료를 분석한 분석값(CAM)과 첨가하지 않은 시료의 분석값(CS)과의 차이를 첨가 농도(CA)의 상대백분율 또는 회수율로 구한다.

$$\text{정확도}(\%) = \frac{C_M}{C_C} \times 100 = \frac{C_{AM} - C_S}{C_A} \times 100$$

(6) 현장 이중시료

현장 이중시료(field duplicate)는 동일 위치에서 동일한 조건으로 중복 채취한 시료로서 독립적으로 분석하여 비교한다. 현장 이중시료는 필요시 하루에 20개 이하의 시료를 채취할 경우에는 1개를, 그 이상의 시료를 채취할 때에는 시료 20개당 1개를 추가로 채취하며, 동일한 조건에서 측정한 두 시료의 측정값 차를 두 시료 측정값의 평균값으로 나누어 상대편차 분율(RPD, relative percent difference)로 구한다.

$$\text{상대편차백분율}(\%) = \frac{C_2 - C_1}{\bar{x}} \times 100\ \%$$

4 참고자료

수질오염공정시험기준, 국립환경과학원, 2018년 12월 26일 개정본

PART 03

실험실 안전(Laboratory Safety)

PART 03

실험실 안전(Laboratory Safety)

water environment analysis

1 개요

이 방법은 연구자가 실험실에서 안전하게 작업하기 위해 지켜야 할 일반적인 안전규칙, 안전장치 및 사고 시 대처 요령을 규정한다.

2 실험실 안전의 원칙

실험실 안전은 연구하고 탐구하는 노력과 같이 지속적인 관심과 노력을 필요로 한다. 우리가 실험실에서 안전하게 작업하기를 원한다면 사용하는 기계·기구 약품 등의 안전과 보건에 관한 사항들을 잘 알고 있어야 한다. 또한 자신과 실험실 동료의 안전을 위해 나의 책임이 무엇이며 내가 할 일이 무엇인가를 아는 것도 중요하다.

(1) 안전한 실험

① 위험성을 가진 작업을 할 때는 적절한 보호구를 착용한다(실험복, 보안경, 보안면, 안전장갑, 안전화, 보호의 등).

② 위험, 유독, 휘발성 있는 화학약품은 후드 내에서 사용한다.

③ 실험실에서 문제가 발생되었을 때 연락할 수 있도록 연구 (실험)책임자의 연락처와 위험성, 응급조치요령 등을 명시한 기록표를 부착하여야 한다.

④ 금연과 같은 준수사항을 지키고, 모든 위험물 용기에는 위험성 표지를 부착하여 안전하게 사용해야 한다.

(2) 다른 사람의 안전에 대한 관심

안전에 대한 관심은 주위 사람들도 포함해서 생각하여야만 한다. 다른 사람들의 태도를 주시하여 불안전한 행동을 하는 사람에 대해서 안전한 행동을 하도록 주지시켜야 한다. 동료에게 보안경을 착용하여 실험하도록 하는 것도 그 예가 될 것이다. 또한 화재나 사고 시 주위 사람에게 알리는 것도 중요하다.

(3) 실험과 관련된 위험성에 대한 이해

예방은 안전에서 가장 중요한 요소이다. 어떠한 실험을 계획하거나, 새로운 장비의 사용 및 화학약품을 다루기전에 실험에 관계된 위험성과 안전조치에 대하여 알고 있어야 한다. 가능하면 작업에 대한 위험과 안전조치에 대한 정보를 준비하여 실험실 내 모든 사람이 이용할 수 있도록 해야 한다.

(4) 사고 시 행동요령

사고발생 시 정확하고 빠르게 대응하여야 한다. 실험실 내 존치물, 비상샤워기, 세안장치, 피난사다리, 소화전, 소화기 등 안전장비 및 비상구에 대하여 잘 알고 있어야 한다. 만약, 사고가 발생하면 다음과 같이 행동하도록 한다.

① 신속히 부근의 사람들에게 통보한다.

화재나 사고 시 근처에 있는 사람에게 알리고 그들에게 다음에 일어날 수 있는 상황을 알리도록 한다. 그리고 다른 사람은 관련부서에 도움을 요청하도록 한다.

② 가능한 화재나 사고를 초기에 신속히 진압한다.

화재로부터 위험을 차단한다는 것은 화재로 인한 피해가 더 이상 번지지 않도록 조치를 취하는 것이다. 화재의 경우 문과 창을 닫도록 한다. 소규모의 화재 발생 시 근처에 있는 소화기를 신속히 사용하도록 하고 화재의 범위가 큰 경우에는 소화전을 사용하며 초기진압이 어려운 경우에는 즉시 진압을 포기하고 피신토록 한다.

③ 건물에서 피신한다.

건물에서 피난 시 화재경보를 울리고, 지체 없이 가까운 출구로 빠져나가도록 한다. 절대 승강기 이용은 삼가하도록 한다.

④ 도움을 요청한다.

소방서, 경찰서, 병원 등에 긴급전화를 하여 도움을 청한다. 도움 요청은 안전한 곳에서 하도록 한다. 전화 요정 시 응급상황의 성격과 발생위치를 상세하게 설명하고 응급 요원의 지시를 받도록 한다.

⑤ 응급요원에게 지금까지의 진행 상황에 대하여 상세히 알리도록 한다.

응급요원에게 사고 장소, 고립된 사람, 위험물질, 관련 장비 등을 알려줘야 하며 간단한 응급조치에 대해서 잘 숙지하고 있어야 한다. 이 응급조치에는 사고발생 시 안전장비의 사용방법도 포함한다.

(5) 사고 또는 위험한 상황에 대한 보고

사고 발생 시 지체 없이 안전담당부서에 전화를 하여 조치하도록 하고 실험실 책임자에게 보고하여야 한다.

3 사고와 응급조치

의료사고 시 119 혹은 의료실에 전화하여 구급요원에게 도움을 청하도록 한다. 사고의 성격을 정확히 알려주고 구급요원이 오기 전까지 자신이 아는 범위 내에서 응급조치를 하도록 하고, 만일 응급조치에 미숙하다면 조치를 하지 않는 것이 좋다. 모든 피해에 대하여 실험실 책임자에게 알리도록 한다. 실험실 안에 있는 모든 사람들은 소화기, 피난기구, 안전샤워기, 세안장치 등 안전장비 사용법을 알고 있어야 하며 이런 안전장비들이 실험실 및 건물 어디에 있는지도 알아두어야 한다. 기본적인 응급조치의 방법을 숙지하여 비상시 사용 가능하도록 한다.

(1) 호흡정지

환자가 바닥에 의식을 잃고 호흡이 정지된 경우 당장 인공호흡을 해야 하는데 구강대 구강법이 어떤 방법보다 효과가 있다. 주변의 도움을 청하려고 시간을 낭비하지 말고 환자를 소생시키면서 도움을 청해야 한다. 구강대 구강법과 심폐소생법 등의 응급조치 방법이 있다.

(2) 심한출혈

심한출혈은 상처부위를 패드나 천으로 누름으로써 지혈할 수 있다. 천은 깨끗할수록 좋지만 위급할 때는 의류를 잘라 사용토록 한다.

① 쇼크 (shock)를 피하기 위해서 상처부위를 감싸고 즉시 119로 연락하여 응급요원을 부르도록 한다.

② 피가 흐르는 부위는 신체의 다른 부분보다 높게 하고 계속 누르고 있도록 한다.

③ 환자는 편안하게 누이도록 한다.

④ 지혈대는 쓰지 않도록 한다.

(3) 화상

① 경미한 화상은 얼음이나 생수로 화상부위를 식혀준다.

② 옷에 불이 붙었을 때

㉠ 환자는 바닥에 누워 구르는 경우 근처에 소방담요가 있다면 화염을 덮어 싸도록 한다. 절대로 비상샤워기로 가기위해 뛰어서는 안된다.

㉡ 불을 끈 후에는 약품에 오염된 옷을 벗고 비상샤워기에서 샤워를 하도록 한다.

㉢ 상처부위를 씻고 열을 없애기 위해서 얼마동안 수돗물에 상처부위를 담그도록 한다.

㉣ 상처부위를 깨끗이 하고 얼음주머니로 상처부위를 적시고 충격을 받지 않도록 감싸준다.

㉤ 절대로 사람을 향해 소화기를 사용하지 않는다.

(4) 약품에 의한 화상

① 화학약품이 묻거나 화상을 입었을 경우 즉각 물로 씻도록 한다.

② 화학약품에 의하여 오염된 모든 의류는 제거하고 물로써 씻어내도록 한다.

③ 화학약품이 눈에 들어갔을 경우 15분 이상 흐르는 물에 깨끗이 씻고, 즉각 도움을 청하도록 한다.

④ 몸에 화학약품이 묻었을 경우 적어도 15분 이상 수돗물에 씻어내고, 조금 묻은 경우 응급조치를 한 후 전문의에게 진료를 받는다. 많은 부분이 묻었다면 구급차를 부르도록 한다.

⑤ 위급한 경우 비상샤워기, 수도 등을 이용한다.

⑥ 화학약품이 옷의 많은 부분에 엎질러진 경우 오염된 옷을 빨리 벗는다.

⑦ 얼굴에 화학약품이 튀었을 때 보안경을 끼고 있었다면 시약이 묻은 부분은 완전히 세척하고 사용하도록 한다.

(5) 외상

외상쇼크의 경우 일반적인 증상은 춥고 한기를 느끼며 창백하고 혼수상태로 된다. 재해의 성격이 분명하지 않다면 환자를 따뜻하게 하고 편안하게 눕힌 뒤 전화로 연락하여 환자를 병원으로 이송시키도록 한다.

4 실험실 안전규칙

(1) 개인 예방책

① 실험실에서 혼자 작업하는 것을 피한다.

개인은 적절한 응급조치가 가능한 상황에서만 실험을 해야 한다. 사고발생 시 다른 사람의 도움을 받을 수 있을 때 실험을 하고, 인근에 다른 사람이 실험을 하고 있다면 실험하는 곳을 그들에게 알려주고 서로 상호간에 상대방을 확인할 수 있도록 한다.

② 눈 보호

화학약품을 사용하는 실험에서는 약품이 튀거나 넘어져 눈에 들어갈 위험이 있으며, 가압된 진공용기는 폭발하거나 파열될 수 있다. 전기용접을 할 때는 파편과 광선 때문에 위험하므로 이러한 실험을 할 때 실험자는 보안경, 고글, 보안면을 사용하여야 한다. 대부분 실험은 단지 보안경을 사용하면 되지만 특수한 화학물질 취급 시에는 약품용 보안경 또는 보안면을 착용하여야 한다.

③ 귀 보호

정상적인 귀로는 15Hz～20,000Hz까지의 소리를 들을 수 있다. 순간적으로 높은 소음에 노출되면 일시적인 청각상실을 기저 올 수 있다. 오랜 시간 높은 소음에 노출되면 영구적으로 청각이 상실될 수 있다. 80dB 이하의 소음은 청각에 위험을 주지 않는다. 130dB 이상에서는 위험하므로 피해야 한다. 귀덮개는 95dB 이상의 높은 소음에 적합하고 귀마개는 80dB~95dB 범위의 소음에 적합하다. 만일 청각의 위험 요소가 존재한다고 생각되면 안전 부서를 통하여 소음 측정을 해 보도록 한다.

④ 호흡기관 보호

마스크는 여러 상황에서 사용할 수 있도록 종류와 사이즈가 많으므로 자신에게 적정한 것을 선택한다. 천으로 된 마스크는 작은 먼지를 보호할 수 있으나 화학약품에 의한 먼지로부터는 보호하지 못하는 것에 유의한다.

⑤ 의복

약품이 튀거나 넘어질 수 있는 상황에서는 실험복(gown), 보안경, 보안면, 앞치마를 착용하는 것이 좋고, 안전장갑은 부식성이거나 쉽게 피부에 흡수되는 약품을 취급할 때 필요하다. 짧고 앞에 발가락이 보이는 신발은 실험실에서 적합하지 않다. 실험실에서는 긴머리, 긴옷, 반짝이는 보석을 착용하는 것은 금물이다.

⑥ 손 보호

장갑을 착용해야 하는 실험을 할 경우에는 실험에 적합한 장갑을 착용하여야 한다. 장갑에는 여러 가지 종류가 있고 쓰임새도 다양하다. 적절한 장갑을 착용하지 않는다면 그 장갑은 손을 보호하는데 아무런 도움이 될 수 없다.

⑦ 실험실 안에서 음식 · 음료의 섭취는 금한다.

⑧ 실험실 퇴실 시에 반드시 손을 씻는다.

(2) 실험실 예방책

① 부재 중 실험

실험 계획 시 유념해야 할 것은 언젠가 있을지도 모르는 부재 중 실험에 대한 것이다. 가능한 부재 중 실험은 피해야 한다. 가열판(heating mantle)나 건조오븐 등의 가열, 냉각수의 고장(호스 연결 불량, 파열), 환기불량(독성기체, 가연성물질) 등으로 야기될 수 있는 위험성을 실험실을 떠나기 전에 반드시 체크해야 한다. 부재 중 실험에는 실험의 성격, 성분, 위험가능성(독성 등), 응급조치 방법, 실험자 이름, 전화번호 등을 명기한 표식을 실험이 행하여지는 실험실 문밖에 부착해 놓아야 한다. 실험자는 실험을 시작하기 전에 이런 것들에 대해 어떻게 할 것인가에 대한 생각을 갖고 있어야 한다. 또한 실험자는 밤샘작업의 경우 이를 책임자에게 알려야 한다.

② 화학약품 취급

㉠ 모든 용기에는 약품의 명칭을 기재한다(증류수처럼 무해한 것까지).

㉡ 표시는 약품의 이름, 위험성 (가장 심한 것), 예방조치, 구입날짜, 합성물질, 사용자 이름이 포함 되도록 한다.

㉢ 약품 명칭이 없는 용기의 약품은 사용하지 않는다. 표시를 하는 것은 사용자가 즉각적으로 약품을 사용할 수 있다는 것보다는 화재, 폭발 또는 용기가 넘어졌을 때 어떠한 성분인지를 알 수 있도록 하기 위한 것이다. 또한 용기가 찌그러지거나 본래의 성질을 잃어버리면 실험실에 보관할 필요가 없다. 실험 후에는 폐기용 약품들을 안전하게 처분하여야 한다. 유용한 약품은 쓸 일이 있는 다른 사람에게 확실하게 넘겨주도록 한다.

㉣ 절대로 모든 약품에 대하여 맛 또는 냄새 맡는 행위를 금하고, 입으로 피펫을 빨지 않는다.

㉤ 약품이 엎질러졌을 때는 즉시 청결하게 조치토록 한다.
엎질러진 양이 적은 때는 그 물질에 대하여 잘 아는 사람이 안전하게 치우도록 한다. 사고 상황이 자신이 처리가 불가능하다면 안전담당 부서에 전화를 걸어 도움을 요청한다.

㉥ 전기로(furnace)나 교반기(hot plate) 등 고열이 발생되는 실험기기에 대하여 '고열' 또는 이와 유사한 경고문을 붙이도록 한다.

㉦ 화학약품과 직접적인 접촉을 피한다. 지금 안전하다고 여겨지는 것들도 결국은 해롭다고 판명되고 있다.

③ 수은누출

적은 양이 누출되거나 용기내의 것이 넘어진 경우 수은을 모아 (장갑을 끼고) 밀폐된 용기에 담아 두도록 한다. 수은은 진공청소기를 오염시키고 수은증기가 발생되어 좋지 않으므로 진공청소기를 사용하지 않는다.

④ 유리제품

㉠ 파이렉스(pyrex) 제품이나 비산방지 유리제품만을 사용하도록 하여 깨질 때 파편이 생기는 유리제품은 사용하지 않도록 한다.

㉡ 유해한 물질에 의하여 오염된 깨진 유리는 분리 처리토록 한다. 각 실험실에서는 깨진 유리만을 버리는 함을 비치토록 한다.

⑤ 기계 · 기구

㉠ 실험기계 · 기구를 사용하기 전에 반드시 기계·기구 관리책임자로부터 지시사항과 허락을 받도록 한다. 사용절차 뿐만 아니라 장비가 가지고 있는 위험성, 긴급 상황시 조치사항에 대하여도 상세히 알고 있어야 한다.

㉡ 전기접속 상태를 사용하기 전 반드시 점검토록 한다.

㉢ 기기운전 중 실험실을 떠날 때는 가동장비에 대하여 실험자의 긴급연락처와 장비에 대한 명세표를 기록·부착토록 한다.

㉣ 실험기계·기구는 협소한 장소에 설치하지 않도록 한다.

5 실험실 안전장치

(1) 세안장치

세안장치는 눈에 화학물질이 접촉되었을 때 효과적으로 처리할 수 있는 설비이다. 세안장치는 실험실내의 모든 인원이 쉽게 접근하고 사용할 수 있도록 실험실의 모든 장소에서 15m 이내, 또는 15초~30초 이내에 도달할 수 있는 위치에 확실히 알아 볼 수 있는 표시와 함께 설치되어 있어야 한다. 실험실 작업자들은 그들의 눈을 감은 상태에서 가장 가까운 세안장치에 도착될 수 있어야 한다. 눈 부상은 보통 피부부상을 동반하게 된다. 이 때문에 세안장치는 샤워 장치와 같이 붙어 있어서 눈과 몸을 같이 씻을 수 있도록 한다.

① 사용 및 유지

㉠ 물 또는 눈 세척제는 직접적으로 눈을 향하게 하는 것 보다는 코의 낮은 부분을 향하도록 하는 것이 좋다. 이것은 화학물질을 눈으로부터 씻어내는 효과를 증가시켜 준다(거친 물줄기는 눈 속 깊은 곳의 입자들을 씻어낼 수 있다).

㉡ 눈꺼풀은 강제적으로 열리도록 하여야 눈꺼풀 뒤도 효과적으로 세척할 수 있다.

㉢ 코의 바깥쪽에서 귀 쪽으로 세척하여야 씻긴 화학물질이 거꾸로 눈 안이나 오염되지 않은 눈으로 들어가는 것을 피할 수 있다.

㉣ 물 또는 눈세척제로 최소 15분 이상 눈과 눈꺼풀을 씻어 낸다.

㉤ 유해한 화학물질로 오염된 눈을 씻을 때에는 가능한 빨리 콘택트렌즈 등은 벗겨낸다.

㉥ 피해를 입은 눈은 깨끗하고 살균된 거즈로 덮는다.

㉦ 병원이나 구급대(119)에 전화한다.

㉧ 세안장치는 매 6개월마다 점검한다.

㉨ 수직형의 세안장치는 공기 중의 오염물질로부터 노즐을 보호하기 위한 보호커버를 설치한다.

② 세안장치의 형식

㉠ 지체저장 중력 분출식 : 배관 공사를 할 수 없는 실험실에서 사용된다.

㉡ 수도꼭지 설치식(핀이나 누름판 작동) : 손으로 작동하는 동안 계속 물이 흐른다. 수도꼭지를 세안장치로 변경시킬 수 있다.

㉢ 실험실 작업대형 : 작업대 위에 압착형 손잡이가 붙은 스프레이 장치를 설치하여 사용할 수 있다.

㉣ 회전식 세안장치 : 작업대 위 혹은 구석의 싱크대 부근에 설치한다. 90도로 회전할 수 있어 싱크대 위에서도 사용할 수 있고 물을 받기 위해 밖으로 뺄 수도 있다.

(2) 샤워 장치

화학물질이 피부나 옷에 튀거나 묻었을 때 샤워 장치로 씻어낸다. 샤워 장치는 화학물질(예 : 산, 알칼리, 기타 부식성물질)이 있는 곳에는 반드시 설치하여야 하며 모든 사람들이 이용할 준비가 되어 있어야 한다.

① 사용 및 유지

㉠ 샤워 장치는 접근 가능한 위치에 설치하고 알기 쉽도록 확실한 표시를 한다. 이 장치는 실험시 모든 작업대에서 15m 이내, 또는 15초~30초 이내에 도달할 수 있어야 한다.

㉡ 실험실 작업자들이 그들의 눈을 감은 상태에서 샤워 장치에 도달할 수 있어야 한다.

㉢ 샤워 장치는 쥐고 당길 수 있는 사슬이나 삼각형 손잡이로 작동되게 한다.

㉣ 잡아당기는 장치는 모든 사람의 키에 맞도록 높이를 조절하고 항상 사용가능 하게 유지되어야 한다.

㉤ 샤워 장치에서 쏟아지는 물줄기는 몸 전체를 덮을 수 있어야 한다.

㉥ 샤워 장치가 작동되는 동안 혼자서 옷을 벗고 신발이나 장신구를 벗을 수 있어야 한다.

㉦ 샤워 장치는 전기 분전반이나 전선인입구 등에서 떨어진 곳에 위치하여야 한다.

㉧ 모든 조건이 적합하다면 샤워 장치는 배수구 근처에 설치하는 것이 좋다.

② 샤워 장치의 형식

㉠ 천정/벽 부착형 : 천정에서 수직배관을 연결하거나 벽에서 수평배관으로 머리 위에 설치되어 계속적으로 물을 공급한다.

㉡ 작업대에 설치된 호스형 : 손으로 조작하여 상처부위를 빠르게 씻어낼 수 있는 장치이다.

㉢ 바닥에 설치한 비상조합형 : 세안설비와 샤워설비가 같이 설치되어 있다.

6 참고자료

(1) US OSHA Laboratory Standards 29 CFR, Occupational exposure to hazardous chemicals in laboratories - 1910.1450

(2) 실험실 안전지침, 한국산업안전공단, 1999.

PART 04

수질오염물질 분석
(Water Pollutants Analysis)

PART 04 수질오염물질 분석

water environment analysis

CHAPTER 01 총질소(T-N)

1 총질소(T-N)분석

문제풀이 과정 및 유의사항

- 답안 수정시에는 시험감독의 날인을 받아야 합니다.
- 계산문제는 풀이과정을 반드시 기재하고 소숫점 셋째자리에서 반올림하는 것을 원칙으로 합니다.
- 문제에 표시된 중요 결과치는 시험위원 입회하에 실험을 수행하고 그 결과치를 확인 날인을 받아야 합니다.
- 채취시료(미지시료)는 실험계획서의 시료제조방법에 따라 제조하고 제시된 실험방법을 기준으로 분석하여야 합니다.
- 시약은 수검자가 직접 제조하는 것을 원칙으로 하며 문제의 요구에 따라 제조방법을 서술할 수도 있습니다.
- 흡광도(검정곡선포함) 측정시, 흡수셀은 반드시 석영셀을 사용하여야 합니다.(플라스틱셀, 유리셀은 사용불가)

요구사항

- 처리용량 100,000m^3/day인 A시 하수종말처리장에서는 질소제거를 위한 질산화 및 탈질소화 공정을 검토하고 있습니다. 이를 위해 처리장 2차 침전지 유출수를 취수하여 T-N을 분석하고자 합니다.
- 실험계획서를 완성하고 계획서에 주어진 제조방법에 따라 미지시료를 제조, 분석하여 다음 물음에 답하시오.

실험계획서

실험방법

① 시료의 전처리 : 미지시료의 전처리과정은 과황산칼륨분해 중 일부만을 적용한다.
- 시료의 50mL(질소함량이 0.1mg 이상일 경우에는 희석)를 플라스크에 넣고 알칼리성 과황산칼륨용액(증류수로 대치한다) 10mL을 넣어 흔들어 섞은 다음 [고압증기멸균기에 넣고 가열한다. 약 120℃가 될 때부터 30분간 가열 분해병을 꺼내어 방냉한다.(생략부분)]

② 전처리한 시료의 상등액 25mL를 넣어 취하여 50mL 또는 100mL 용량플라스크에 옮긴다.

③ 이 용액 염산(1+16) 5mL를 넣어 PH 2~3으로 하고 이 용액의 일부를 층장 10mm 흡수셀에 옮겨 검액으로 한다. 따로 물 50mL를 취하여 시료의 전처리 시험방법에 따라 시험하고 바탕 시험액으로 한다.(PH를 2~3으로 맞추는 조작은 생략한다.)

④ 바탕시험액을 대조액으로 하여 220nm에서 검액의 흡광도를 측정하고 미리 작성한 검정곡선으로부터 총질소의 양을 구한다.

⑤ 검정곡선 작성 : 질산성질소 표준액(0.02mgNO_3-N/mL) 2, 4, 8, 10mL를 단계적으로 취하여 100mL 용량플라스크에 넣고 물을 넣어 표선을 채운 다음, 이 액 25mL씩을 정확히 취하여 각각 용량플라스크 또는 비색관에 넣고 염산(1+500) 5mL를 넣은 다음 시료의 시험방법에 따라 시험하여 질소의 양과 흡광도와의 관계선을 작성한다.

시약제조 방법

① 미지시료(폐수) 1를 제조하시오.

표준용액 5mL+증류수 → 100mL

② 미지시료(폐수) 2를 제조하시오.

표준용액 20mL+증류수 → 100mL

③ 알칼리성 과황산칼륨용액(증류수로 대치한다.)

물 100mL에 수산화나트륨(질소시험용 또는 질소함량이 0.0005% 이하 인 것) 4g을 녹인 다음 과황산칼륨(질소시험용 또는 질소함량이 0.0005% 이하인 것) 3g을 넣어 녹인다.

④ 염산(1+16) 제조하시오. (100mL 제조기준)
염산(1+500) 제조하시오. (100mL 제조기준)

⑤ 질산성 질소 표준원액(0.1mgNO_3-N/mL)

건조한 질산칼륨(표준시약) 0.7218g을 정밀히 달아 물에 녹여 1000mL로 한다.

⑥ 질산성 질소 표준용액(0.02mgNO_3-N/mL) 100mL제조 기준

2 총질소(T-N) 문제

01 측정원리를 서술하시오.

02 검정곡선 작성

질산성 질소 표준용액 2, 4, 8, 10mL를 단계적으로 취하여 시험하여 질산성 질소의 양과 흡광도와의 관계선을 작성하시오. 또한 회귀직선식과 그에 따른 상관계수(R)를 구하시오.(모든 계산치는 바탕실험을 보정한 값으로 한다)

[검정곡선 작성] - 모눈종이에 작성

검정시료량(mL)	흡광도
2	
4	
8	
10	
바탕실험액	

회귀직선식($Y = AX + B$)	
상관계수(R) $R = \dfrac{n(\Sigma XY) - (\Sigma X)(\Sigma Y)}{\sqrt{[n\Sigma X^2 - (\Sigma X)^2][n\Sigma Y^2 - (\Sigma Y)^2]}}$	

03 실험분석 결과치를 이용하여 채취시료(미지시료)의 농도를 계산하고 과정을 쓰시오.(결과치는 회귀직선식을 적용하여 구하시오.)

계산과정

시 료	흡광도
채취시료(미지시료1)	
채취시료(미지시료2)	
바탕 실험액	

3 총질소(T-N) 답안지

01 측정원리를 서술하시오.

물속에 존재하는 총질소를 측정하기 위하여 시료 중 모든 질소화합물을 알칼리성 과황산칼륨을 사용하여 120℃ 부근에서 유기물과 함께 분해하여 질산이온으로 산화시킨 후 산성상태로 하여 흡광도를 220nm에서 측정하여 총질소를 정량하는 방법이다.
이 시험기준은 지표수, 지하수, 폐수 등에 적용할 수 있으며, 정량한계는 0.1mg/L이다. 비교적 분해되기 쉬운 유기물을 함유하고 있거나 자외부에서 흡광도를 나타내는 브롬이온이나 크롬을 함유하지 않는 시료에 적용된다.

배점

검정시료량(mL)	흡광도	시험위원(인)
2	0.141	
4	0.264	
8	0.499	
10	0.623	
바탕 실험액	0.021	

02 회귀 직선식

회귀 직선식

	X	X^2	Y	Y^2	X · Y
검정곡선1	0.01	0.0001	0.120	0.0144	0.0012
검정곡선2	0.02	0.0004	0.243	0.059049	0.00486
검정곡선3	0.04	0.0016	0.478	0.228484	0.01912
검정곡선4	0.05	0.0025	0.602	0.362404	0.0301
Σ	0.12	0.0046	1.443	0.664337	0.05528

기울기 : $A=\dfrac{n\Sigma XY-\Sigma X\Sigma Y}{n\Sigma X^2-(\Sigma X)^2}=\dfrac{4\times(0.05528)-(0.12)\times(1.443)}{4\times(0.0046)-(0.12)^2}=11.99$

절편 :

$B=\dfrac{\Sigma X^2\Sigma Y-\Sigma X\Sigma XY}{n\Sigma X^2-(\Sigma X)^2}=\dfrac{(0.0046)\times(1.443)-(0.12)\times(0.05528)}{4\times(0.0046)-(0.12)^2}=0.0011$

$Y=AX+B=11.99X+0.0011$

배점

상관 계수(R)

$$R=\frac{n(\Sigma XY)-(\Sigma X)(\Sigma Y)}{\sqrt{[n\Sigma X^2-(\Sigma X)^2][n\Sigma Y^2-(\Sigma Y)^2]}}$$

$$=\frac{4\times(0.05528)-(0.12)\times(1.443)}{\sqrt{[4\times(0.0046)-(0.12)^2]\times[4\times0.664337-(1.443)^2]}}=0.9999$$

배점

02 검정곡선을 작성하고 X축의 산출근거를 쓰시오. (회귀 직선식을 기준으로 작성하시오.)

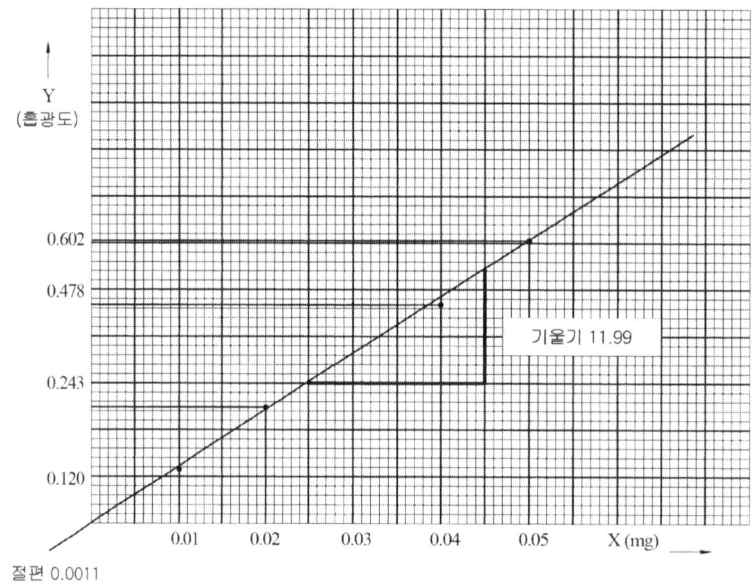

$$X(\text{질소량 : mg}) = \text{표준액농도}(mg/mL) \times \text{표준액 분취량}(mL) \times \frac{25(mL)}{100mL}$$

$$X_1(\text{검정곡선 1단계}) = 0.02mg/mL \times 2mL \times \frac{25}{100} = 0.01mg$$

$$X_2(\text{검정곡선 2단계}) = 0.02mg/mL \times 4mL \times \frac{25}{100} = 0.02mg$$

$$X_3(\text{검정곡선 3단계}) = 0.02mg/mL \times 8mL \times \frac{25}{100} = 0.04mg$$

$$X_4(\text{검정곡선 4단계}) = 0.02mg/mL \times 10mL \times \frac{25}{100} = 0.05mg$$

배점

03 실험분석 결과치를 이용하여 채취시료(미지시료)의 농도를 계산하고 과정을 쓰시오.

미지시료 1

$$T-N(mg/L) = a \times \frac{60}{25} \times \frac{1000mL/L}{VmL}$$

여기서 a : 검정곡선으로부터 구한 질소의 양(mg)

V : 전처리에 사용한 시료량(mL)

$Y = 11.99X + 0.0011$에 시료의 흡광도 대입

$(0.271 - 0.021) = 11.99X + 0.0011$

배점

$$X = \frac{(0.271 - 0.021) - 0.0011}{11.99} = 0.0208mg$$

$$\therefore T-N(mg/L) = 0.0208mg \times \frac{60}{25} \times \frac{1000}{50} = 1.00mg/L$$

미지시료 2

$Y = 11.99X + 0.0011$ 에서

$(0.221 - 0.021) = 11.99X + 0.0011$

$$X = \frac{(0.221 - 0.021) - 0.0011}{11.99} = 0.016mg$$

$$\therefore T-N(mg/L) = 0.016mg \times \frac{60}{25} \times \frac{1000}{50} \times \frac{50}{10} = 3.84mg/L$$

배점

시 료	흡광도	시험위원(인)
채취시료(미지시료1)	0.271	
채취시료(미지시료2)	0.221	
바탕 실험액	0.021	

학과		학년		학번		이름	
수질오염공정시험기준 총질소(T-N) 답안지							
분석종목	질산화 및 탈질소화 공정계획을 위한 총질소						

(문제 1) 측정원리를 서술하시오.

학과		학년		학번		이름	

수질오염공정시험기준 총질소(T-N) 답안지

분석종목	질산화 및 탈질소화 공정계획을 위한 총질소

검정시료량(mL)	흡광도	시험위원(인)
2		
4		
8		
10		
바탕 실험액		

(문제2) 회귀 직선식 — 배점

(Table)

2					
4					
8					
10					
Σ					

① 바탕시험 보정한 값을 Table에 기술하고 계산에 적용하시오.

② 소수점 4째자리까지 기술하고 계산에 적용하시오. (단, 그 값이 0 인 경우는 유효숫자 4자리까지 기술하고 계산에 적용하시오.)

③ n = 4를 적용하시오.

A

B

(문제2) 상관계수(R) — 배점

(소수점 4째자리까지 구하시오.)

학과		학년		학번		이름	

수질오염공정시험기준 총질소(T-N) 답안지

분석종목	질산화 및 탈질소화 공정계획을 위한 총질소

(문제 2) 회귀직선식을 기준으로 작성하고, X축의 단위, 산출근거를 명시하며 (Y축은 흡광도) 절편값은 정확한 위치에 명확히 나타내시오.

↑
Y/X →
(X축 산출근거)

배점

학과		학년		학번		이름	
수질오염공정시험기준 총질소(T-N) 답안지							
분석종목	질산화 및 탈질소화 공정계획을 위한 총질소						

(문제 3)	배점	

시료	흡광도	시험위원(인)
채취시료(미지시료 1)		
채취시료(미지시료 2)		
바탕 실험액		

4 총질소(T-N) 시약조제 및 실험과정 해설

(1) 시약조제

1) 표준원액조제(1000mL)

→ (표준원액농도 : 0.1mg/mL = 100mg/L)

① 질산칼륨 0.7218g 달아 넣고

② 증류수를 넣어 표선을 채운다.

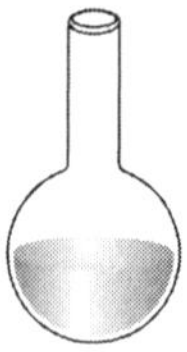

1000mL 플라스크

2) 표준용액조제 → (표준용액농도 : 0.02mg/mL = 20mg/L)

$$\text{희석배수(P)} = \frac{\text{희석 전 농도}}{\text{희석 후 농도}} = \frac{\text{희석 후 유량}}{\text{희석 전 유량}}$$

$$= \frac{0.1\text{mg/mL}}{0.02\text{mg/mL}} = 5\text{배}$$

$$\therefore \text{표준원액 분취량} = \frac{100\text{mL}}{5} = 20\text{mL}$$

① 표준원액 20mL를 넣는다.

② 증류수를 넣어 표선을 채운다.

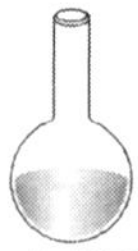

100mL 플라스크

3) 미지시료 조제

- 미지시료1 농도(mg/L) = 20mg/L÷(100mL/5mL) = 1mg/L
- 미지시료2 농도(mg/L) = 20mg/L÷(100mL/20mL) = 4mg/L

① 표준용액 5mL를 넣는다.

② 증류수를 넣어 표선을 채운다.

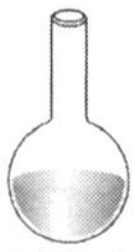

100mL
플라스크(미지시료1)

① 표준용액 20mL를 넣는다.

② 증류수를 넣어 표선을 채운다.

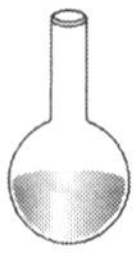

100mL
플라스크(미지시료2)

4) 염산(1+500) 100mL 조제

·H_2O 100mL+염산 0.2mL 혼합한다.

Tip 항상 혼합산 제조 시는 H_2O 넣은 후 산을 주입함

① 증류수를 넣어 표선을 맞춘다.

② 염산 0.2mL를 넣는다.

100mL 플라스크

(2) 실험순서

시약조제가 끝나면 100mL 용량플라스크 8개를 세척하여 준비한다.

1) 전처리 과정

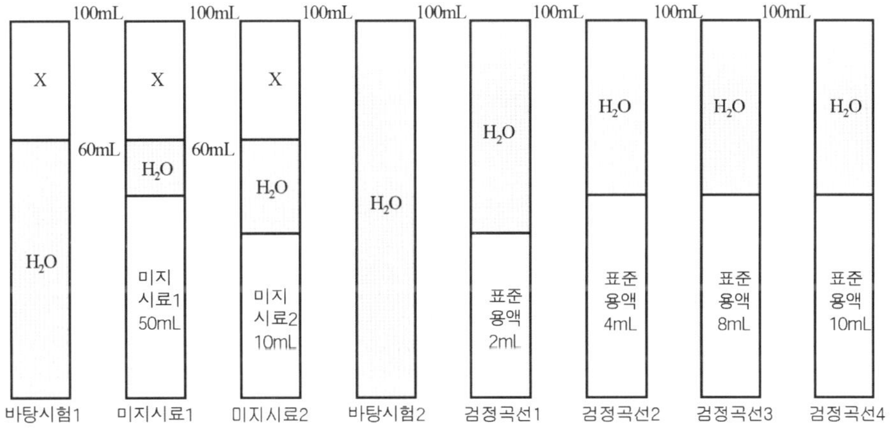

2) 1)의 전처리과정이 끝나면 50mL 용량플라스크 8개를 세척하여 준비하고 1)번 앞에 놓고 견출지에 똑같이 이름적어 부착한다.

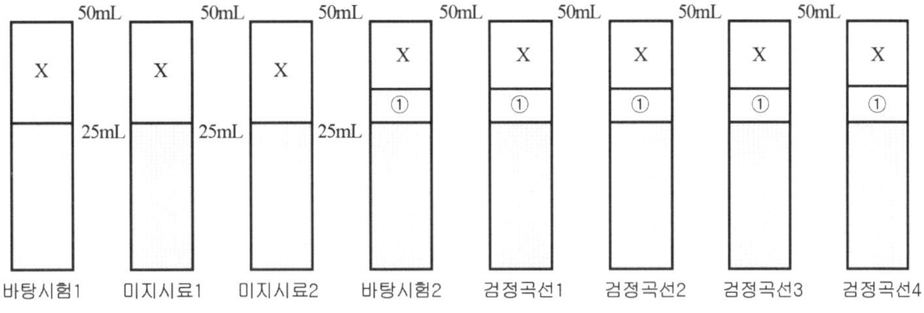

① : 염산(1+500) 5mL 넣는다.

3) 100mL 용량플라스크(전처리 과정의 시료)에서 각각 25mL 분취 후 50mL 용량플라스크에 넣고 검정곡선 1, 2, 3, 4에만 HCl(1+500) 5mL을 각각 주입한다. → (표선을 맞추지 않는다.)

주의 : X부분은 비워둔다.

Tip · 미지시료에 염산(1+16) 5mL를 넣지 않는 이유?
염산(1+16) 5mL를 넣으면 pH가 2~3으로 맞추어 진다. 그렇지만 단서에 pH를 2~3으로 맞추는 조작은 생략한다라는 단서가 있으므로 넣지 않는다.

4) 발색(무색)

5) 220nm에서 흡광도를 측정한다.

5 총질소(T-N) 조제된 용액의 사진

표준원액

표준용액

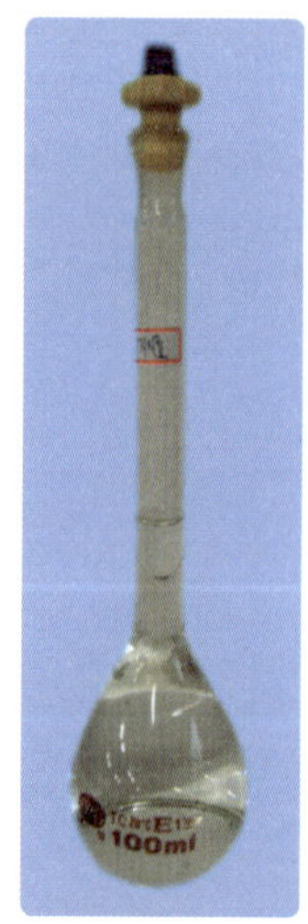

미지시료

바탕시험1 미지시료

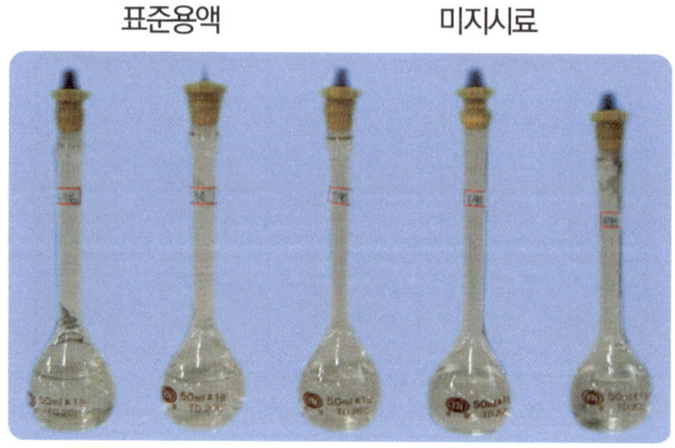
바탕시험2 검정곡선 1, 2, 3, 4

CHAPTER 02 용해성 철(Fe)

1 용해성 철 분석

문제풀이 과정 및 유의사항

· 답안 수정시에는 시험감독의 날인을 받아야 합니다.

· 계산문제는 풀이과정을 반드시 기재하고 소숫점 셋째자리에서 반올림하는 것을 원칙으로 합니다.
· 문제의 표시된 중요 결과치는 시험위원 입회하에 실험을 수행하고 그 결과치를 확인 날인을 받아야 합니다.
· 채취시료(미지시료)는 실험계획서의 시료제조방법에 따라 제조하고 제시된 실험방법을 기준으로 분석하여야 합니다.
· 시약은 수검자가 직접 제조하는 것을 원칙으로 하며 문제의 요구에 따라 제조방법을 서술할 수도 있습니다.

· 실험계획서를 완성하고 실험계획서에서 제시된 실험방법에 따라 채취시료(미지시료)를 분석하시오.(단, 시료는 전처리 과정을 한 것으로 간주합니다.)

실험계획서

실험방법

① 전처리한 시료적당량(철로서 0.5mg 이하 함유)을 비커에 넣고 질산(1+1) 2mL를 넣고 끓인다. 물을 넣어 50~100mL로 하고 암모니아수(1+1)를 넣어 약알칼리성으로 한 다음 수분간 끓여 침전을 생성시킨다. (① 실험은 생략하고 제조된 미지시료를 50mL를 취하여 실험을 수행한다.)

② 염산(1+2) 6mL를 가한다.

③ 100mL 용량플라스크에 옮기고 물을 넣어 액량을 약 70mL로 하고 염산하이드록실아민 용액(10w/v%) 1mL를 넣어 흔들어 섞는다.

④ O-페난트로린용액(0.1w/v%) 5mL를 넣어 흔들어 섞고 아세트산암모늄용액(50w/v%) 10mL를 넣고 흔들어 섞은 다음 실온까지 냉각한다. 물을 넣어 표선까지 채워 흔들어 섞은 다음 20분간 방치하여 검액으로 한다.

⑤ 따로 물 50mL를 취하여 시료의 시험방법에 따라 시험하여 바탕시험액으로 한다. 바탕시험액을 대조액으로 하여 층장 10mm 흡수셀에 옮겨 510nm에서 검액의 흡광도를 측정하고 미리 작성한 검정곡선으로부터 철의 양을 구하고 농도(mg/L)를 산출한다.

시약제조 방법

① 미지시료1

철 표준용액 200mL에 물을 넣어 500mL로 한다.

② 미지시료2

철 표준원액 10mL에 물을 넣어 500mL로 한다.

③ 염산(1+2) 100mL를 제조하시오.

④ 염산하이드록실아민용액(10w/v%) 100mL를 제조하시오.

⑤ 0-페난트로린용액(0.1w/v%) 100mL를 제조하시오.

0-페난트로린염산염 0.12g을 물에 녹여 100mL로 한다.(∵ 다른제조법 0-페난트로린 수화물 0.1g+에틸알콜 20mL+증류수 → 100mL로 한다.)

⑥ 아세트산암모늄용액(50w/v%) 100mL를 제조하시오.

⑦ 철 표준원액(1mg Fe/mL) 100mL를 제조하시오.

황산제일철암모늄6수화물 0.702g을 염산(1+2) 2mL와 소량의 물에 녹이고 물을 넣어 100mL로 한다.

⑧ 철 표준용액(0.01mg Fe/mL) 500mL를 제조하시오.

2 용해성 철 문제

01 측정원리를 서술하시오.

02 실험방법 중 (①) 과정을 거쳐야 하는 이유를 서술하시오.

03 실험방법 (④) 과정 중 아세트산암모늄 용액의 역할을 서술하시오.

04 검정곡선 작성

"표준용액(0.01mg Fe/mL) 2~50mL를 단계적으로 4개 취하여 100mL 용량플라스크에 염산(1+2) 6mL를 넣어 이하 시료의 시험방법 중 물을 넣어 액량을 약 70mL로 하고 …"에 따라 시험하여, 철의 양과 흡광도와의 관계선을 작성하시오. 또한 회귀선식과 그에 따른 상관계수(R)를 구하시오.

[검정곡선 작성]-모눈종이에 작성

시료량(mL)	흡광도	시험위원(인)
검정곡선 1		
검정곡선 2		
검정곡선 3		
검정곡선 4		

시험위원 입회하에 실험을 수행하고 결과치를 답안지에 작성하고 확인, 날인 받으시오.

회귀직선식($Y = AX + B$)	
상관계수(R) $R = \dfrac{n(\Sigma XY) - (\Sigma X)(\Sigma Y)}{\sqrt{[n\Sigma X^2 - (\Sigma X)^2][n\Sigma Y^2 - (\Sigma Y)^2]}}$ X : 농도 Y : 흡광도 n : 자료수	

05 실험 분석 결과치를 이용하여 미지시료(채취시료)의 농도를 계산하고 과정을 쓰시오.

계산과정 :   답 :

시 료	흡광도	시험위원(인)
채취시료(미지시료1)		
채취시료(미지시료2)		
바탕 실험액		

3 용해성 철(Fe) 답안지

01 측정원리를 서술하시오.

	배점	
물속에 존재하는 철 이온을 수산화제이철로 침전분리하고 염산하이드록실아민으로 제일철로 환원한 다음, 0-페난트로린을 넣어 약산성에서 나타나는 등적색 철착염의 흡광도를 510nm에서 측정하는 방법이다. 이 시험기준은 지표수, 지하수, 폐수 등에 적용할 수 있으며, 정량한계는 0.08 mg/L이다.	배점	

02 ① 과정을 하는 이유를 기술하시오.

	배점	
철을 3가로 산화 후 수산화제2철로 침전시키기 위하여	배점	

03 아세트산암모늄의 역할

	배점	
완충용액으로 pH를 4~5로 조절하여 빠르고 완전하게 발색시켜 장시간 발색이 안정하도록 해준다.	배점	

검정시료량(mL)	흡광도	시험위원(인)
2	0.134	
10	0.240	
20	0.488	
40	0.901	

04 회귀 직선식

회귀 직선식 (배점:)

	X	X^2	Y	Y^2	X · Y
검정곡선1	0.5	0.25	0.110	0.0121	0.055
검정곡선2	1	1	0.216	0.046656	0.216
검정곡선3	2	4	0.464	0.215296	0.928
검정곡선4	4	16	0.877	0.769129	3.508
Σ	7.5	21.25	1.667	1.043181	4.707

n : 자료수

기울기 : $A = \dfrac{n\Sigma XY - \Sigma X\Sigma Y}{n\Sigma X^2 - (\Sigma X)^2} = \dfrac{4(4.707) - (7.5)(1.667)}{4(21.25) - (7.5)^2} = 0.22$

절편 : $B = \dfrac{\Sigma X^2\Sigma Y - \Sigma X\Sigma XY}{n\Sigma X^2 - (\Sigma X)^2} = \dfrac{(21.25)(1.667) - (7.5)(4.707)}{4(21.25) - (7.5)^2} = 0.0042$

$\therefore\ Y = AX + B = 0.22X + 0.0042$

상관 계수(R)	$R = \dfrac{n(\Sigma XY) - (\Sigma X)(\Sigma Y)}{\sqrt{[n\Sigma X^2 - (\Sigma X)^2][n\Sigma Y^2 - (\Sigma Y)^2]}}$ $= \dfrac{4\times(4.707) - (7.5)\times(1.667)}{\sqrt{[4\times(21.25) - (7.5)^2]\times[4\times(1.043181) - (1.667)^2]}} = 0.9992$	배점	

04 검정곡선을 작성하고 X축의 산출근거를 쓰시오. (회귀 직선식을 기준으로 작성하시오.)

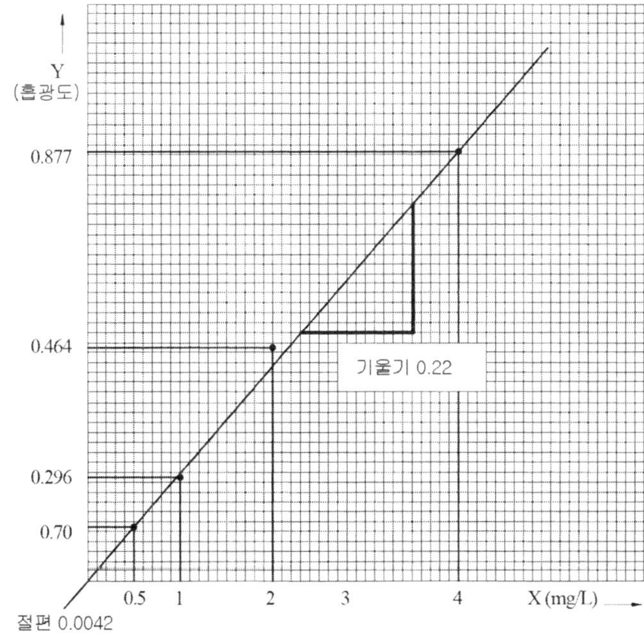

$$X(\text{농도}: mg/L) = \text{표준액농도}(mg/mL) \times \text{표준액분취량}(mL) \times \frac{1000(mL/L)}{V(mL)}$$

$$X_1(\text{검정곡선 1단계}) = 0.01mg/mL \times 5mL \times \frac{1000mL/L}{100mL} = 0.5mg/L$$

$$X_2(\text{검정곡선 2단계}) = 0.01mg/mL \times 10mL \times \frac{1000mL/L}{100mL} = 1mg/L$$

$$X_3(\text{검정곡선 3단계}) = 0.01mg/mL \times 20mL \times \frac{1000mL/L}{100mL} = 2mg/L$$

$$X_4(\text{검정곡선 4단계}) = 0.01mg/mL \times 40mL \times \frac{1000mL/L}{100mL} = 4mg/L$$

배점

05 실험분석 결과치를 이용하여 채취시료(미지시료)의 농도를 계산하고 과정을 쓰시오.

<table>
<tr><td>
미지시료1 농도
$시료농도(mg/L) = a \times \frac{100}{V(mL)}$
a : 검정곡선에서 구하는 Fe의 농도(mg/L)
$Y = 0.22X + 0.0042$에 시료의 흡광도를 대입하여 계산한다.
$(0.464 - 0.024) = 0.22X + 0.0042$
$X = \frac{(0.464 - 0.024) - 0.0042}{0.22} = 1.981mg/L$
$\therefore$ 철의 농도$(mg/L) = 1.981mg/L \times \left(\frac{100}{50}\right) = 3.96mg/L$
미지시료2 농도
$(0.464 - 0.024) = 0.22X + 0.0042$
$X = \frac{(0.462 - 0.024) - 0.0042}{0.22} = 1.972mg/L$
$\therefore$ 철의 농도$(mg/L) = 1.972mg/L \times \left(\frac{100}{50}\right) \times \left(\frac{50}{10}\right) = 19.72mg/L$
</td><td>배
점</td><td></td></tr>
</table>

시 료	흡광도	시험위원(인)
미지시료1	0.464	
미지시료2	0.462	
바탕 실험액	0.024	

학과		학년		학번		이름	
수질오염공정시험기준 용해성 철(Fe) 답안지							
분석종목	용해성 철						

(문제 1) 측정원리를 서술하시오.

(문제 2)

(문제 3)

<table>
<tr><td>학과</td><td></td><td>학년</td><td></td><td>학번</td><td></td><td>이름</td><td></td></tr>
<tr><td colspan="8">수질오염공정시험기준 용해성 철(Fe) 답안지</td></tr>
<tr><td colspan="2">분석종목</td><td colspan="6">용해성 철</td></tr>
</table>

검정시료량(mL)	흡광도	시험위원(인)
2		
4		
8		
10		
바탕 실험액		

<table>
<tr><td>(문제4)
회귀 직선식</td><td>(Table)

2					
4					
8					
10					
Σ					

① 바탕시험 보정한 값을 Table에 기술하고 계산에 적용하시오.
② 소수점 4째자리까지 기술하고 계산에 적용하시오. (단, 그 값이 0 인 경우는 유효숫자 4자리까지 기술하고 계산에 적용하시오.)
③ n = 4를 적용하시오.

A

B</td><td>배점</td><td></td></tr>
<tr><td>(문제4)
상관계수(R)</td><td>(소수점 4째자리까지 구하시오.)</td><td>배점</td><td></td></tr>
</table>

학과		학년		학번		이름	
수질오염공정시험기준 용해성 철(Fe) 답안지							
분석종목	용해성 철						

(문제 4) 회귀직선식을 기준으로 작성하고, X축의 단위, 산출근거를 명시하며 (Y축은 흡광도) 절편값은 정확한 위치에 명확히 나타내시오.

↑

Y/X →

(X축 산출근거)

배점

학과		학년		학번		이름	

수질오염공정시험기준 용해성 철(Fe) 답안지

분석종목	용해성 철

(문제 5)

	배점	

시료	흡광도	시험위원(인)
채취시료(미지시료 1)		
채취시료(미지시료 2)		
바탕 실험액		

4 용해성 철 시약조제 및 실험과정 해설

(1) 시약조제

1) 염산(1+2) 100mL제조 → 염산 33.3mL+증류수 66.6mL

① 증류수 66.6mL 먼저 넣고

② 염산(HCl) 33.3mL를 피펫으로 취해 서서히 넣는다.

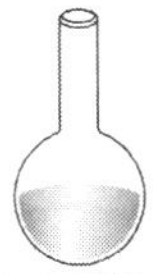

100mL 플라스크

주의 : 표선을 채우면 안됨

2) 표준원액 제조(100mL)

→ (표준원액 농도 : 1mg/mL = 1000mg/L)

① 황산제1철암모늄 0.702g을 달아 넣고

② 조제한 HCl(1+2) 2mL를 가하고

③ 증류수를 넣어 표선을 맞춘다.

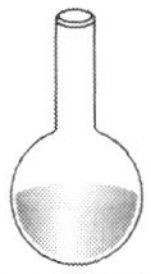

100mL 플라스크

3) 표준용액제조(500mL) → (표준용액 농도 : 0.01mg/mL = 10mg/L)

$$희석배수(P) = \frac{희석\ 전\ 농도}{희석\ 후\ 농도} = \frac{희석\ 후\ 유량}{희석\ 전\ 유량}$$

$$= \frac{1mg/mL(원액농도)}{0.01mg/ml(표준용액농도)} = 100배$$

$$\therefore\ 표준원액\ 분취량 = \frac{500mL}{100} = 5mL$$

① 표준원액 5mL 넣고

② 증류수 가해 표선을 맞춘다.

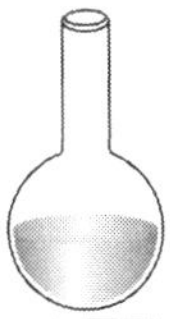

500mL 플라스크

4) 미지시료1 제조[미지시료1 농도 : 10mg/L÷(500÷200) = 4mg/L]

미지시료2 제조[미지시료2 농도 : 1000mg/L÷(500÷10) = 20mg/L]

① 표준용액 200mL를 메스실린더를 이용하여 넣는다.

② 증류수를 넣어 표선을 맞춘다.

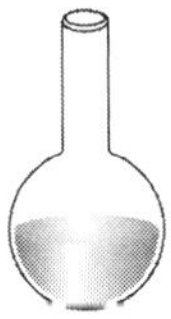

500mL 플라스크(미지시료1)

① 표준원액 10mL를 넣는다.

② 증류수를 넣어 표선을 맞춘다.

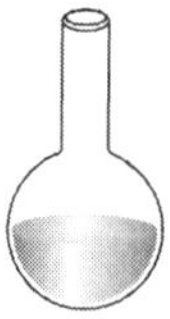

500mL 플라스크(미지시료2)

5) 염산하이드록실아민(10w/v%) 100mL제조

① 저울에 유산지를 1장 깔고 100mL 비커를 올려놓고 저울의 영점조정 → 염산하이드록실아민 10g을 단다.

② 증류수통으로 증류수를 조금씩 적당량을 넣는다.

③ 교반기로 교반해 완전히 용해시킨다.

④ 용해된 시약을 100mL 플라스크에 넣고 증류수로 표선을 맞춘다.

100mL 비커　　100mL 플라스크

6) 0－페난트로린 용액(0.1w/v%) 100mL 제조

① 0－페난트로린염산염 0.12g를 단다.

② 증류수로 표선을 채운다.

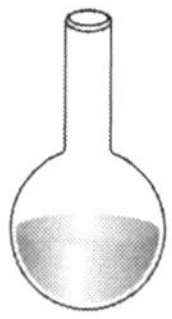

100mL 플라스크

7) 아세트산암모늄(50w/v%) 100mL 제조

① 저울에 유산지를 1장 깔고 100mL 비커를 올려놓고 저울의 영점을 조정 → 그 상태에서 아세트산암모늄 50g을 단다.

② 증류수를 조금씩 적당량 넣는다.

③ 교반기를 사용해 완전히 용해 시킨다.

④ 용해된 시약을 100mL 플라스크에 넣고 증류수로 표선을 채운다.

100mL 비커 100mL 플라스크

(2) 실험순서

시약조제가 끝나면 100mL 용량플라스크를 세척하여 7개를 준비한다.

1) 견출지에 품명을 개재하여 각각의 용량플라스크에 부착한다.

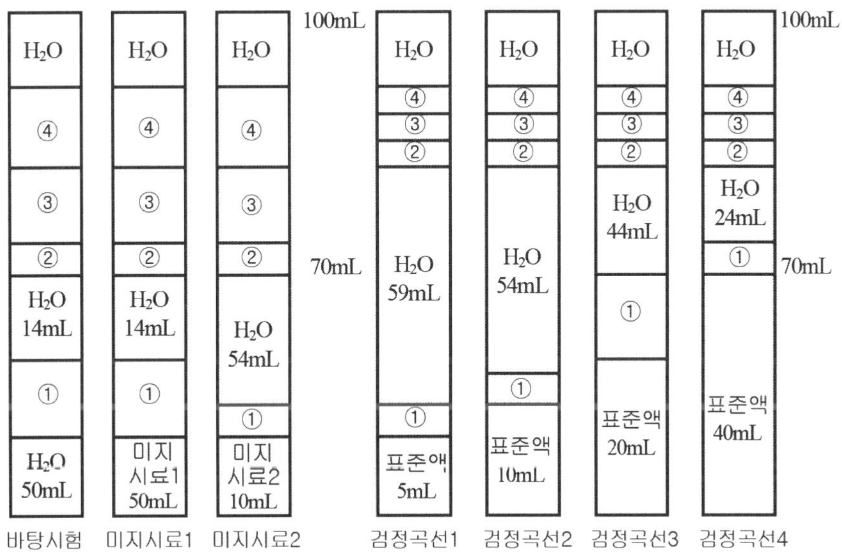

2) 시약첨가순서(바탕시험부터 검정곡선 4단계 까지 공통적으로 주입된다.)

① 염산(1+2) 6mL를 각각 넣는다. 그리고 증류수를 넣어 전량이 70mL로 한 후 시약을 순서대로 첨가한다.

② 염산하이드록실아민 1mL

③ 0－페난트로린용액 5mL

④ 아세트산암모늄 10mL

⑤ 증류수를 표선까지 채운다.

3) 발색(오렌지색)

4) 510nm에서 흡광도를 측정한다.

5 용해성 철(Fe) 조제된 용액의 사진

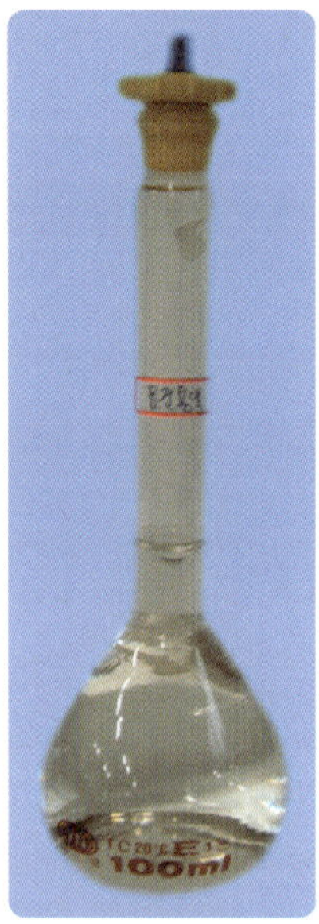

표준원액

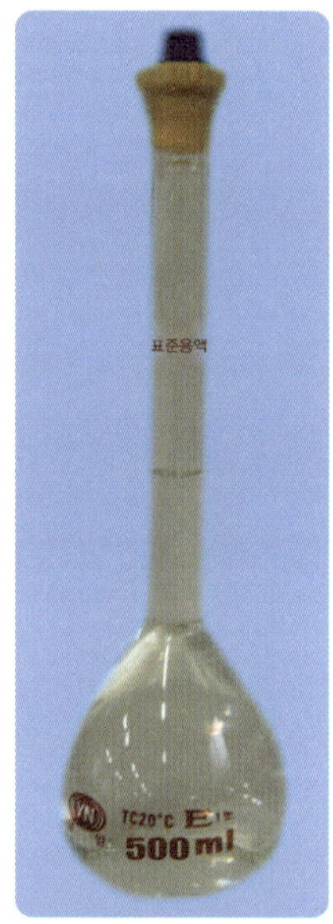

표준용액

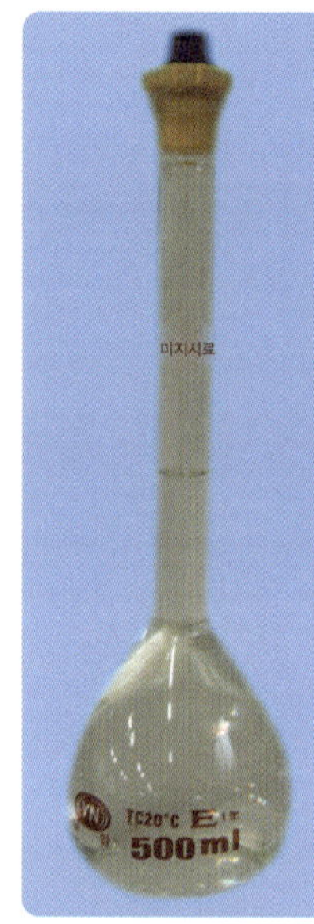

미지시료

바탕시험 미지시료

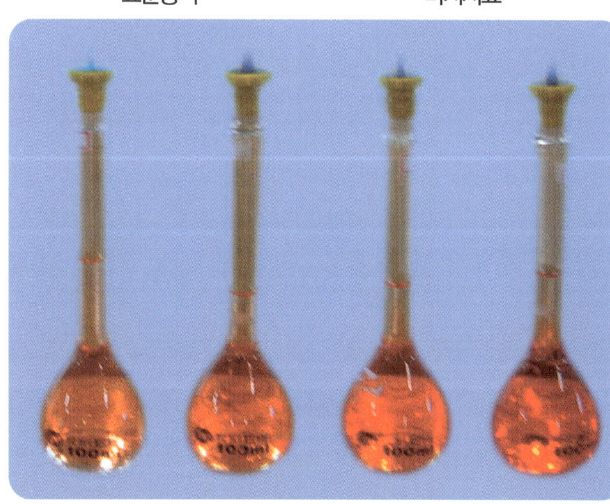

검정곡선 1, 2, 3, 4

CHAPTER 03

암모니아성 질소(NH_3-N)

1 암모니아성 질소 분석

문제풀이 과정 및 유의사항

· 답안 수정시에는 시험감독의 날인을 받아야 합니다.
· 계산문제는 풀이과정을 반드시 기재하고 소숫점 셋째자리에서 반올림하는 것을 원칙으로 합니다.
· 문제에 표시된 중요 결과치는 시험위원 입회하에 실험을 수행하고 그 결과치를 확인 날인을 받아야 합니다.
· 채취시료(미지시료)는 실험계획서의 시료제조방법에 따라 제조하고 제시된 실험방법을 기준으로 분석하여야 합니다.
· 시약은 수검자가 직접 제조하는 것을 원칙으로 하며 문제의 요구에 따라 제조방법을 서술할 수도 있습니다.

실험계획서

실험방법

① 전처리 또는 여과한 시료 2mL(암모니아성 질소로서 0.04mg 이하 함유)을 취하여 50mL 용량 플라스크에 넣고 물을 넣어 약 30mL로 한 다음 나트륨 페놀라이트 용액 10mL와 나이트로푸루시드(니트로프루싯)나트륨 용액 1mL를 넣고 조용히 섞은 다음 하이포염소산(차아염소산) 나트륨 용액(암모니아성 질소 시험용) 5mL를 넣어 조용히 섞는다.
② 물을 넣어 표선까지 채운 다음 액온을 20~25도로 하여 약 30분간 방치하고 이 용액의 일부를 층장 10mm 흡수셀에 옮겨 검액으로 한다.
③ 따로 물 30mL를 취하여 이하 시료의 시험방법에 따라 시험하여 바탕시험액으로 한다. 바탕시험액을 대조액으로 하여 630nm에서 검액의 흡광도를 측정하고 미리 작성한 검정곡선으로부터 암모니아성 질소의 양을 구하여 농도(mg/L)를 산출한다.

시약제조 방법

① 암모니아성 질소 표준원액(0.1mgNH_3-N/mL) 1000mL을 제조하시오.

염화암모늄(NH_4Cl)를 이용하여 제조하시오.

② 암모니아성 질소 표준액(0.005mgNH_3-N/mL) 500mL을 제조하시오.
③ 미지시료 1을 제조하시오.

표준원액을 50mL를 취하고 500mL로 한다.

④ 미지시료 2를 제조하시오.

표준원액을 250mL를 취하고 500mL로 한다.

⑤ 20% NaOH를 제조하시오. : 100mL 제조 기준

⑥ 하이포염소산(차아염소산)나트륨용액을 제조하시오. : 100mL 제조 기준

10%(유효염소) 하이포염소산(차아염소산)나트륨을 사용하여 제조하시오. (유효염소로서 1g에 해당하는 mL수를 취한다.)

⑦ 나트륨페놀라이트용액을 제조하시오. : 100mL 제조기준

페놀 12.5g+20% NaOH 27.5mL+아세톤 3mL -------- 100mL로 한다.

⑧ 나이트로플루시드(니트로푸르싯)나트륨용액을 제조하시오. : 100mL 제조 기준

나이트로플루시드(니트로푸르싯)나트륨이수화물 0.15g을 물에 녹여 100mL로 한다.

2 암모니아성 질소 문제

01 측정원리를 서술하시오.

02 나트륨 페놀라이트 용액의 역할을 서술하시오.

03 나이트로플루시드(니트로푸르싯)나트륨 용액의 역할을 서술하시오.

04 검정곡선 작성
암모니아성질소 표준액(0.005mg N/mL) 2, 5, 8, 10mL를 단계적으로 취하여 물을 넣어 약 30mL로 하고 이하 시료의 시험방법에 따라 시험하여 암모니아성질소의 양과 흡광도와의 관계선을 작성하시오. 또한 회귀 직선식과 그에 따른 상관계수(R)를 구하시오. (모든 계산치는 바탕실험을 보정한 값으로 한다.)

[검정곡선 작성] - 모눈종이 그림에 검정곡선 작성

(시험위원 하에 실험을 수행하고 결과치를 답안지에 작성하고 확인, 날인 받으시오.)

검정시료량(mL)	흡광도	시험위원(인)
2		
5		
8		
10		

회귀직선식($Y=AX+B$)	
상관계수(R) $R=\dfrac{n(\Sigma XY)-(\Sigma X)(\Sigma Y)}{\sqrt{[n\Sigma X^2-(\Sigma X)^2][n\Sigma Y^2-(\Sigma Y)^2]}}$ X : 농도 Y : 흡광도 n : 자료수	

05 실험 분석 결과치를 이용하여 미지시료(채취시료)의 농도를 계산하고 과정을 쓰시오.(결과치는 회귀직선식을 적용하여 구하시오.)

계산과정 :   답 :

시 료	흡광도	심사위원(인)
채취시료(미지시료1)		
채취시료(미지시료2)		
바탕 실험액		

3 암모니아성 질소(NH_3-N) 답안지

01 측정원리를 서술하시오.

물속에 존재하는 암모니아성 질소를 측정하기 위하여 암모늄이온이 하이포염소산의 존재하에서, 페놀과 반응하여 생성하는 인도페놀의 청색을 630nm에서 측정하는 방법이다. 이 시험기준은 지표수, 지하수, 폐수 등에 적용할 수 있으며, 정량한계는 0.01mg/L이다.	배점	

02 나트륨 페놀라이트 용액의 역할을 기술하시오.

암모니아성 질소와 반응하여 청색으로 발색하며 이 용액 중에 들어있는 아세톤은 반응을 촉진시킨다. 모노클로라민과 페놀의 반응을 촉진시킨다.	배점	

03 나이트로플루시드(니트로푸르싯)용액의 역할을 기술하시오.

이 측정법은 온도가 높으면 정량치에 오차가 생기므로 이 오차를 줄이기 위해 나이트로플루시드나트륨용액을 반응촉진제로 사용한다.	배점	

검정시료량(mL)	흡광도	시험위원(인)
2	0.144	
5	0.325	
8	0.518	
10	0.637	

04 회귀 직선식

회귀 직선식 (배점)

	X	X^2	Y	Y^2	X · Y
검정곡선1	0.2	0.04	0.124	0.015376	0.0248
검정곡선2	0.5	0.25	0.305	0.093025	0.1525
검정곡선3	0.8	0.64	0.498	0.248004	0.3984
검정곡선4	1.0	1	0.617	0.380689	0.617
Σ	2.5	1.93	1.544	0.737094	1.1927

기울기 : $A=\dfrac{n\Sigma XY-\Sigma X\Sigma Y}{n\Sigma X^2-(\Sigma X)^2}=\dfrac{4(1.1927)-(2.5)(1.544)}{4(1.93)-(2.5)^2}=0.620$

절편 : $B=\dfrac{\Sigma X^2\Sigma Y-\Sigma X\Sigma XY}{n\Sigma X^2-(\Sigma X)^2}=\dfrac{(1.93)(1.544)-(2.5)(1.1927)}{4(1.93)-(2.5)^2}=-0.0012$

$Y=AX+B$에서 $Y=0.620X-0.0012$

상관 계수(R) (배점)

$$R=\frac{n(\Sigma XY)-(\Sigma X)(\Sigma Y)}{\sqrt{[n\Sigma X^2-(\Sigma X)^2][n\Sigma Y^2-(\Sigma Y)^2]}}$$

$$=\frac{4\times(1.1927)-(2.5)\times(1.544)}{\sqrt{[4\times(1.93)-(2.5)^2]\times[4\times(0.737094)-(1.544)^2]}}=0.9999$$

04 검정곡선을 작성하고 X축의 산출근거를 쓰시오. (회귀 직선식을 기준으로 작성하시오.)

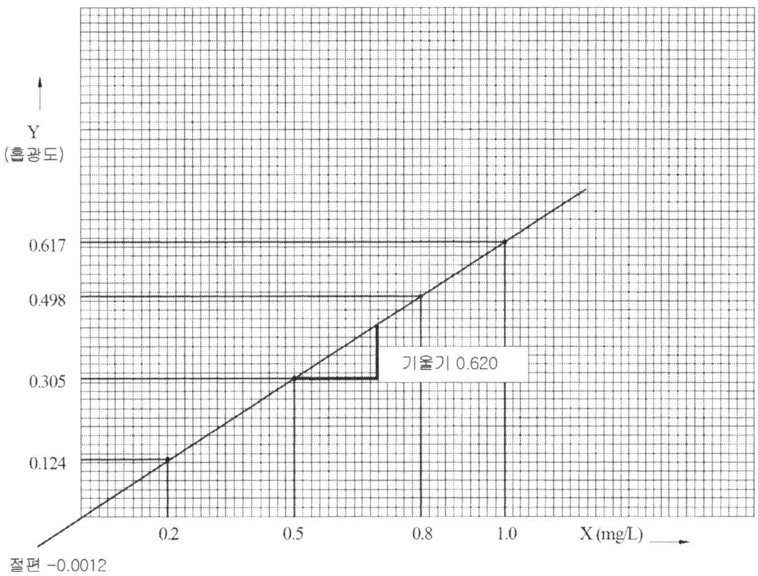

$$X(mg/L) = 표준액농도(mg/mL) \times 표준액\ 분취량(mL) \times \frac{1000mL/L}{VmL}$$

$$X_1(검정곡선\ 1단계) = 0.005mg/mL \times 2mL \times \frac{1000mL/L}{50mL} = 0.2mg/L$$

$$X_2(검정곡선\ 2단계) = 0.005mg/mL \times 5mL \times \frac{1000mL/L}{50mL} = 0.5mg/L$$

$$X_3(검정곡선\ 3단계) = 0.005mg/mL \times 8mL \times \frac{1000mL/L}{50mL} = 0.8mg/L$$

$$X_4(검정곡선\ 4단계) = 0.005mg/mL \times 10mL \times \frac{1000mL/L}{50mL} = 1.0mg/L$$

배점

05 실험분석 결과치를 이용하여 채취시료(미지시료)의 농도를 계산하고 과정을 쓰시오.

미지시료1 농도

$$시료농도(mg/L) = a \times \frac{50}{V(mL)}$$

a : 검정곡선에서 구하는 암모니아성 질소의 농도(mg/L)

$Y = 0.6195X - 0.0012$에 시료의 흡광도를 대입하여 계산한다.

$(0.296 - 0.02) = 0.6195X - 0.0012$

$$\therefore X = \frac{(0.296 - 0.02) + 0.0012}{0.6195} = 0.4475mg/L$$

$$\therefore 암모니아성\ 질소의\ 농도(mg/L) = 0.4475mg/L \times \frac{50}{2} = 11.19mg/L$$

배점

미지시료2 농도 $(0.334-0.02)=0.6195X-0.0012$ $Y=0.6195X-0.0012$에 시료의 흡광도를 대입하여 계산한다. $\therefore X=\frac{(0.334-0.02)+0.0012}{0.6195}=0.5088mg/L$ $\therefore$ 암모니아성 질소의 농도$(mg/L)=0.5088mg/L\times\frac{50}{2}\times\frac{2}{0.5}=50.88mg/L$	배점	

시료	흡광도	시험위원(인)
미지시료1	0.296	
미지시료2	0.334	
바탕 실험액	0.02	

학과		학년		학번		이름	
수질오염공정시험기준 암모니아성 질소(NH_3-N) 답안지							
분석종목	암모니아성 질소						

(문제 1) 측정원리를 서술하시오.

(문제 2)

(문제 3)

학과		학년		학번		이름	

수질오염공정시험기준 암모니아성 질소(NH_3-N) 답안지

분석종목	암모니아성 질소

검정시료량(mL)	흡광도	시험위원(인)
2		
4		
8		
10		
바탕 실험액		

(문제4) 회귀 직선식

(Table)

2					
4					
8					
10					
Σ					

① 바탕시험 보정한 값을 Table에 기술하고 계산에 적용하시오.
② 소수점 4째자리까지 기술하고 계산에 적용하시오. (단, 그 값이 0 인 경우는 유효숫자 4자리까지 기술하고 계산에 적용하시오.)
③ n = 4를 적용하시오.

A

B

배점

(문제4) 상관계수(R)

(소수점 4째자리까지 구하시오.)

배점

학과		학년		학번		이름	
수질오염공정시험기준 암모니아성 질소(NH_3-N) 답안지							
분석종목	암모니아성 질소						

(문제 4) 회귀직선식을 기준으로 작성하고, X축의 단위, 산출근거를 명시하며 (Y축은 흡광도) 절편값은 정확한 위치에 명확히 나타내시오.

↑
Y/X →
(X축 산출근거)

배점

학과		학년		학번		이름	

수질오염공정시험기준 암모니아성 질소(NH_3-N) 답안지

분석종목	암모니아성 질소 분석

(문제 5)	배점	

시료	흡광도	시험위원(인)
채취시료(미지시료 1)		
채취시료(미지시료 2)		
바탕 실험액		

4 암모니아성질소 시약조제 및 실험과정 해설

(1) 시약조제

1) 표준원액조제(1000mL)

→ (표준원액농도 : 0.1mg/mL = 100mg/L)

문제에서 표준용액의 농도를 찾아서 20배를 곱한 값이 표준원액 농도

① 염화암모늄 0.3819g을 단다.

② 증류수 가해 표선을 맞춘다.

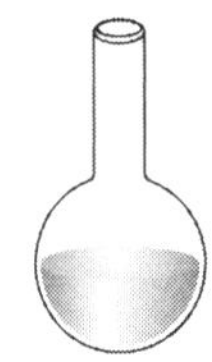

1000mL 플라스크

2) 표준용액 조제(500mL) → (표준액농도 : 0.005mg/mL = 5mg/L)

$$희석배수(P) = \frac{희석\ 전\ 농도}{희석\ 후\ 농도} = \frac{희석\ 후\ 유량}{희석\ 전\ 유량} = \frac{0.1mg/mL}{0.005mg/mL} = 20배\ 희석$$

$$표준원액분취량 = \frac{500mL}{20} = 25mL$$

① 표준원액을 25mL 분취하여 넣고

② 증류수를 가해 표선을 맞춘다.

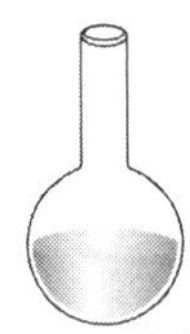

500mL 플라스크

3) 미지시료 조제

· 미지시료1 농도 : 100mg/L÷(500÷50) = 10mg/L · 미지시료2 농도 : 100mg/L÷(500÷250) = 50mg/L

① 표준원액 50mL 넣고(메스실린더 사용)

② 증류수를 넣어 표선을 맞춘다.

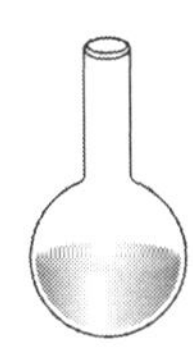

500mL 플라스크(미지시료1)

① 표준원액 250mL를 넣고(메스실린더 사용)

② 증류수를 넣어 표선을 맞춘다.

500mL 플라스크(미지시료2)

4) 20% NaOH 용액 100mL 제조

① 저울에 유산지를 1장 깔고 100mL 비커를 올려놓고 저울의 영점을 조정 ⇒ 그 상태서 NaOH 20g을 단다.

② 증류수를 조금씩 적당량 넣는다.

③ 교반기에서 완전히 용해시킨다.

④ 용해된 시약을 100mL 플라스크에 넣고 증류수로 표선을 채운다.

5) 하이포염소산(차아염소산) 나트륨 100mL 제조

① 10% 차아염소산 나트륨 10mL 취해 넣는다.

② 증류수로 표선을 채운다.

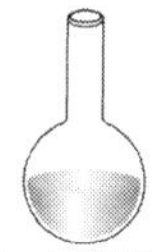

6) 나트륨 페놀라이트 용액 100mL 제조

① 페놀 12.5g 넣고(액체일 경우에는 약 12.5mL 분취)

② 20% NaOH용액 27.5mL 가한 후

③ 아세톤 3mL를 가한다.

④ 증류수를 넣어 표선을 채운다.

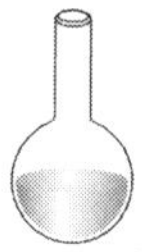

7) 나이트로플루시드(니트로푸루싯) 100mL 제조

① 나이트로플루시드(니트로푸루싯) 0.15g 넣고

② 증류수를 넣어 표선을 채운다.

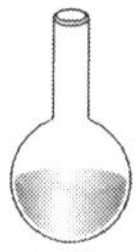

(2) 실험순서

시약조제가 끝나면 50mL 용량플라스크를 세척하여 7개를 준비한다.

1) 견출지에 품명을 개재하여 각각의 용량플라스크에 부착한다.

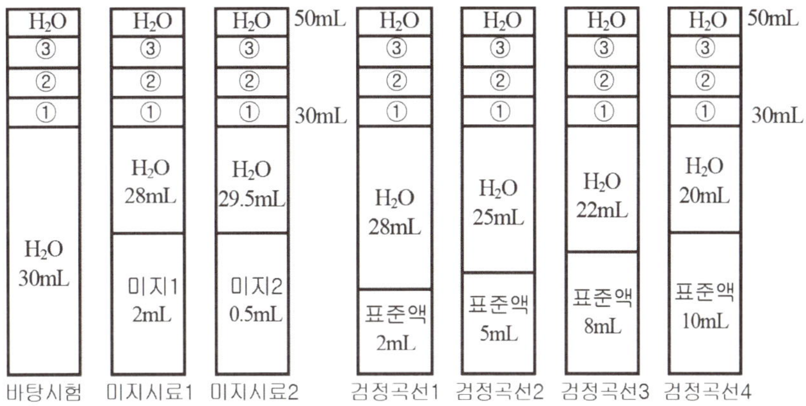

2) 시약첨가순서 ⇒ 50mL 용량 플라스크에 미지시료 및 표준용액을 각각 넣고 증류수를 가해 30mL로 한 다음 ① 나트륨페놀라이트용액 10mL ② 나이트로플루시드(니트로푸루싯) 1mL ③ 하이포염소산(차아염소산)나트륨 5mL

3) 발색(청색)

4) 630nm에서 흡광도측정

5 암모니아성 질소(NH_3-N) 조제된 용액의 사진

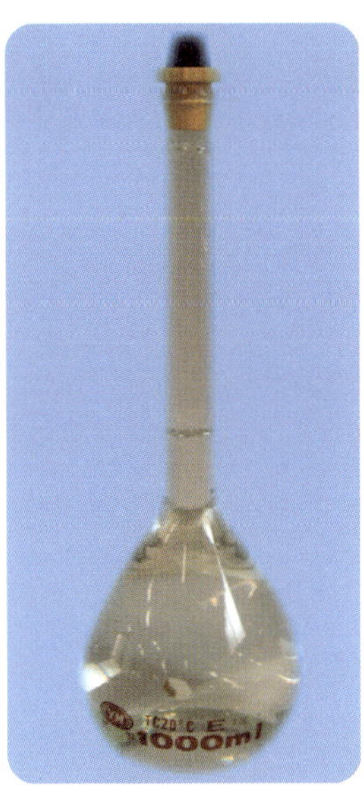

표준원액

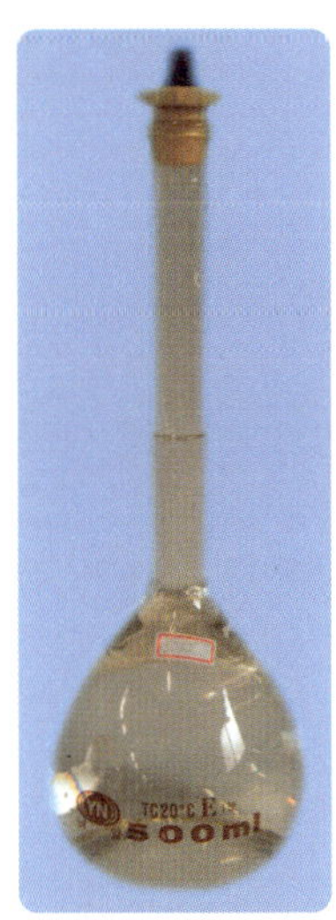

표준용액

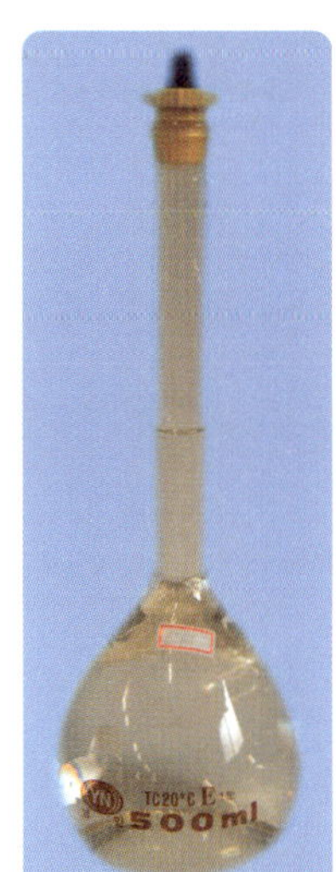

미지시료

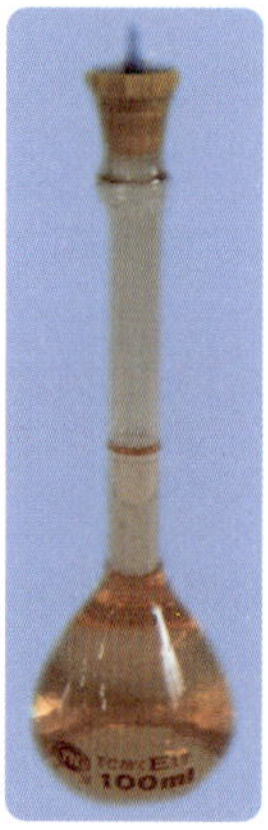

나이트로플루시드(니트로푸루싯)나트륨용액

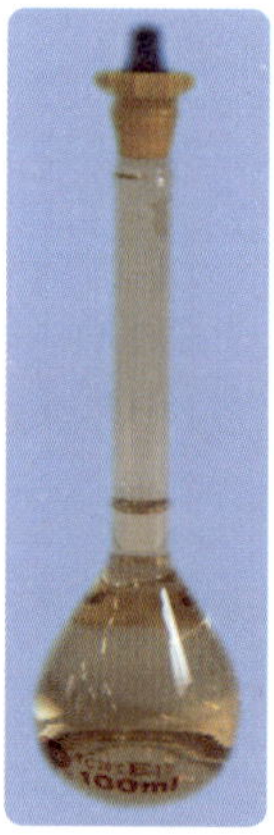

나트륨페놀라이트용액(아주 연한 노란색)

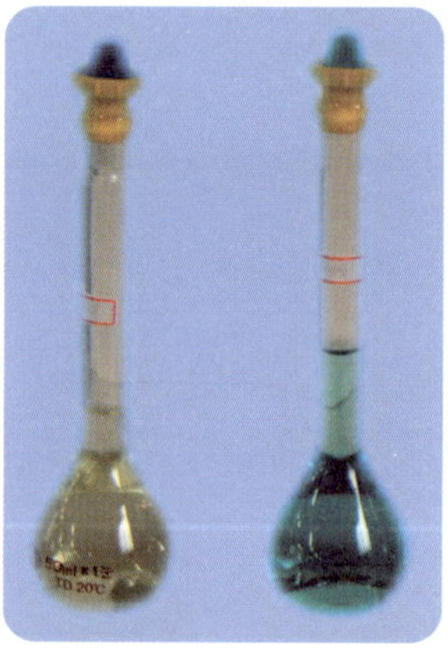

바탕시험 미지시료

검정곡선 1, 2, 3, 4

CHAPTER 04 총인(T-P)

1 총인(T-P) 분석

문제풀이 과정 및 유의사항

· 답안 수정시에는 시험감독의 날인을 받아야 합니다.
· 계산문제는 풀이과정을 반드시 기재하고 소숫점 셋째자리에서 반올림하는 것을 원칙으로 합니다.
· 문제에 표시된 중요 결과치는 시험위원 입회하에 실험을 수행하고 그 결과치를 확인 날인을 받아야 합니다.
· 채취시료(미지시료)는 실험계획서의 시료제조방법에 따라 제조하고 제시된 실험방법을 기준으로 분석하여야 합니다.
· 시약은 수검자가 직접 제조하는 것을 원칙으로 하며 문제의 요구에 따라 제조방법을 서술할 수도 있습니다.
· 본 실험 수행 중, 유리기구 등의 세척(세제에 인성분이 함유되어 있음)으로 인한 실험오차가 발생할 수 있으므로 실험에 사용되는 기기, 기구 등에 세제성분이 남아 있지 않도록 주의하여야 합니다.
– 검정시행전 : 유리기구 등에 세제성분이 없도록 헹굼과정을 거쳐야 합니다.
– 검정시행시, 시행후 : 세제를 사용하지 않고 세척하거나 수돗물을 사용하여 여러번 헹굼 과정을 거쳐야 합니다.

요구사항

현재 M시에서 하수종말처리장 방류수 수질기준에 따른 안정적 총인(T-P)처리를 위한 적절한 탈인공정을 도입하기 위하여 하수종말처리장 유출수의 총인농도를 흡광광도법으로 분석하고자 한다. 실험계획서를 완성하고 계획서에 주어진 제조방법에 따라 미지시료를 제조, 분석하여 다음 물음에 답하시오.

실험계획서

실험방법

① 시료의 전처리 : 미지시료의 전처리과정은 과황산칼륨분해방법 중 일부만 적용한다.(질산-황산 분해는 적용하지 않음.)

· 과황산칼륨분해

시료의 50mL(인으로 0.06mg 이하 함유)를 플라스크에 넣고 과황산칼륨용액(증류수로 대치한다) 10mL를 넣어 마개를 닫고 섞은 다음 [[고압증기멸균기에 넣어 가열한다. 약 120℃가 될 때부터 30분간 가열분해를 계속하고 분해병을 꺼내 방냉한다.(생략부분)]]

· 질산-황산 분해

시료 50mL(인으로 0.06mg 이하 함유)를 킬달플라스크에 넣고 질산 2mL를 넣어 액량이 약

10mL가 될 때까지 서서히 가열 농축하고 방냉한다. 여기서 질산 2~5mL와 황산 2mL를 넣고 가열을 계속하여 황산의 백연이 격렬하게 발생할 때 까지 가열한다. 분해가 끝나면 물을 넣고 중화시킨 후 50mL 용량 플라스크에 옮기고 물을 넣어 표선까지 채운다.

② 전처리한 시료의 상등액 25mL를 취하여 50mL 또는 100mL 용량 플라스크에 넣고 몰리브덴산암모늄-아스코르빈산혼액 2mL를 넣어 흔들어 섞은 다음 15분간 방치한다.

③ 이 용액의 일부를 층장 10mm 흡수셀에서 옮겨 검액으로 하고 따로 물 50mL를 취하여 시료의 시험방법에 따라 시험하여 바탕시험액을 한다.

④ 바탕시험액을 대조액으로 하여 880nm에서 검액의 흡광도를 측정하고 미리 작성한 검정곡선으로부터 총인의 량을 구한다.

⑤ 검정곡선 작성 : 인산염 인 표준액(0.005mg P/mL) 5, 10, 15, 20mL를 단계적으로 취하여 100mL 용량플라스크에 넣고 표선을 채운 다음 이 액 25mL씩을 용량 플라스크에 넣고 시험방법에 따라 시험하여 인의 양과 흡광도와의 관계선을 작성한다.

시약제조 방법

① 미지시료(폐수) 1를 제조하시오.

표준용액 12mL+증류수 → 100mL

② 미지시료(폐수) 2를 제조하시오.

표준용액 40mL+증류수 → 100mL

③ 몰리브덴산암모늄-아스코르빈산혼액

몰리브덴산암모늄(4수화물) 1.2g과 주석산안티몬칼륨 0.048g을 물 약 60mL에 녹이고 황산(2+1) 24mL와 술퍼민산암모늄 1g을 넣어 녹인 다음 물을 넣고 100mL로 하고 여기에 7.2% L-아스코르빈산용액 20mL를 넣어 섞는다.

④ 황산(2+1) 제조하시오.(100mL 제조기준)

⑤ 7.2% L-아스코르빈산 용액(50mL 제조기준)

⑥ 인산염 인 표준원액(0.1mg PO_4-Pmg/mL)

건조한 인산이수소칼륨(표준시약) 0.439g을 정밀히 달아 물에 녹여 1000mL로 한다.

⑦ 인산염 인 표준액(0.005mg PO_4-Pmg/mL) 200mL 제조기준

⑧ 과황산칼륨용액은 증류수로 대신한다.

2 총인(T-P) 문제

01 측정원리를 서술하시오.

02 검정곡선 작성

인산염 인 표준용액 5, 10, 15, 20mL를 단계적으로 취하여 시험하여 인산염 인의 양과 흡광도와의 관계선을 작성하시오. 또한 회귀직선식과 그에 따른 상관계수(R)를 구하시오.(모든 계산치는 바탕실험을 보정한 값으로 한다.)

[검정곡선 작성]-모눈종이에 검정곡선 작성(검정곡선을 작성하고 X축의 산출근거를 쓰시오.)

검정시료량(mL)	흡광도
5	
10	
15	
20	
바탕실험액	

회귀직선식($Y = AX + B$)	
상관계수(R) $R = \frac{n(\Sigma XY)-(\Sigma X)(\Sigma Y)}{\sqrt{[n\Sigma X^2-(\Sigma X)^2][n\Sigma Y^2-(\Sigma Y)^2]}}$	

03 다음 물음에 답하시오.(결과치는 회귀직선식을 적용하여 구하시오.)

① 전처리를 위해 과황산칼륨분해방법을 적용하는 시료와 질산-황산분해방법을 적용하는 시료의 차이점을 기술하시오.

② 실험분석치를 활용하여 채취시료(미지시료)의 농도를 계산하고 과정을 쓰시오.(단, 과황산칼륨분해방법으로 시료를 전처리한 경우)

③ 실험분석치를 활용하여 채취시료(미지시료)의 계산식을 쓰시오.(단, 질산-황산분해법으로 시료를 전처리한 경우)

시 료	흡광도
채취시료(미지시료1)	
채취시료(미지시료2)	
바탕 실험액	

3 총인(T-P) 답안지

01 측정원리를 서술하시오.

물속에 존재하는 총인을 측정하기 위하여 유기물화합물 형태의 인을 산화 분해하여 모든 인 화합물을 인산염(PO_4^{3-}) 형태로 변화시킨 다음 몰리브덴산암모늄과 반응하여 생성된 몰리브덴산인암모늄을 아스코빈산으로 환원하여 생성된 몰리브덴산의 흡광도를 880nm에서 측정하여 총인의 양을 정량하는 방법이다. 이 시험기준은 지표수, 지하수, 폐수 등에 적용할 수 있으며, 정량한계는 0.005mg/L이다.	배점	

검정시료량(mL)	흡광도	시험위원(인)
5	0.157	
10	0.308	
15	0.450	
20	0.604	
바탕 실험액	0.012	

02 회귀 직선식

회귀 직선식

	X	X^2	Y	Y^2	X · Y
검정곡선1	0.01	0.0001	0.120	0.0144	0.0012
검정곡선2	0.02	0.0004	0.243	0.059049	0.00486
검정곡선3	0.04	0.0016	0.478	0.228484	0.01912
검정곡선4	0.05	0.0025	0.602	0.362404	0.0301
Σ	0.12	0.0046	1.443	0.664337	0.05528

기울기 : $A = \dfrac{n\Sigma XY - \Sigma X\Sigma Y}{n\Sigma X^2 - (\Sigma X)^2} = \dfrac{4\times(0.05528) - (0.12)\times(1.443)}{4\times(0.0046) - (0.12)^2} = 11.99$

절편 :

$B = \dfrac{\Sigma X^2\Sigma Y - \Sigma X\Sigma XY}{n\Sigma X^2 - (\Sigma X)^2} = \dfrac{(0.0046)\times(1.443) - (0.12)\times(0.05528)}{4\times(0.0046) - (0.12)^2} = 0.0011$

$Y = AX + B = 11.99X + 0.0011$

배점

상관 계수(R)	$R = \dfrac{n(\Sigma XY) - (\Sigma X)(\Sigma Y)}{\sqrt{[n\Sigma X^2 - (\Sigma X)^2][n\Sigma Y^2 - (\Sigma Y)^2]}}$ $= \dfrac{4\times(0.05528) - (0.12)\times(1.443)}{\sqrt{[4\times(0.0046) - (0.12)^2]\times[4\times 0.664337 - (1.443)^2]}} = 0.9999$	배점	

02 검정곡선을 작성하고 X축의 산출근거를 쓰시오. (회귀 직선식을 기준으로 작성하시오.)

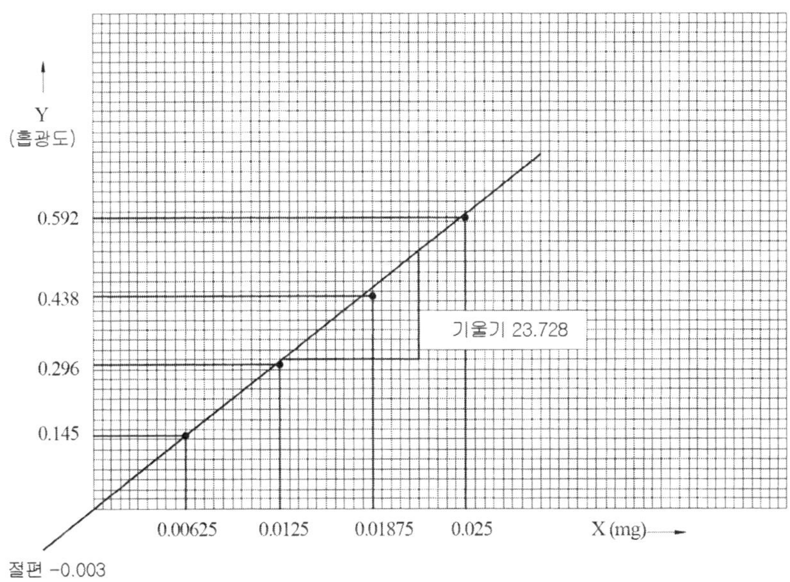

$X(\text{인의 량}: mg) = \text{표준액 농도}(mg/mL) \times \text{표준액 분취량}(mL) \times \dfrac{25(mL)}{100mL}$

$X_1(\text{검정곡선 1단계}) = 0.005mg/mL \times 5mL \times \dfrac{25}{100} = 0.00625mg$

$X_2(\text{검정곡선 2단계}) = 0.005mg/mL \times 10mL \times \dfrac{25}{100} = 0.0125mg$

$X_3(\text{검정곡선 3단계}) = 0.005mg/mL \times 15mL \times \dfrac{25}{100} = 0.01875mg$

$X_4(\text{검정곡선 4단계}) = 0.005mg/mL \times 20mL \times \dfrac{25}{100} = 0.025mg$

배점

03 실험분석 결과치를 이용하여 채취시료(미지시료)의 농도를 계산하고 과정을 쓰시오.

<table>
<tr><td>① 과황산칼륨 분해법은 분해되기 쉬운 유기물을 함유한 시료에 적용하고 질산−황산 분해법은 다량의 유기물을 함유한 시료에 적용한다.</td><td rowspan="3">배
점</td><td rowspan="3"></td></tr>
<tr><td>

② $T-P(mg/L)=a\times\frac{60}{25}\times\frac{1000mL/L}{VmL}$

a : 검정곡선으로부터 구한 인의 양(mg)

미지시료1

$Y=23.728X-0.003$ 에서

$(0.353-0.012)=23.728X-0.003$

$\therefore X=\frac{(0.353-0.012)+0.003}{23.728}=0.0145mg$

$\therefore T-P(mg/L)=0.0145mg\times\frac{60}{25}\times\frac{1000}{50}=0.70mg/L$

미지시료2

$Y=23.728X-0.003$ 에서 $(0.491-0.012)=23.728X-0.003$

$\therefore X=\frac{(0.491-0.012)+0.003}{23.728}=0.020mg$

$\therefore T-P(mg/L)=0.020mg\times\frac{60}{25}\times\frac{1000}{50}\times\frac{50}{25}=1.92mg/L$

</td></tr>
<tr><td>

③ 총인(mg/L)$=a\times\frac{1000}{25}$

a : 검정곡선으로부터 구한 인의 양(mg)

</td></tr>
</table>

시 료	흡광도	시험위원(인)
채취시료(미지시료1)	0.271	
채취시료(미지시료2)	0.221	
바탕 실험액	0.021	

학과		학년		학번		이름	
수질오염공정시험기준 총인(T-P) 답안지							
분석종목	하수처리장 유출수의 총인						

(문제 1) 측정원리를 서술하시오.

학과		학년		학번		이름	

수질오염공정시험기준 총인(T-P) 답안지

분석종목	하수처리장 유출수의 총인

검정시료량(mL)	흡광도	시험위원(인)
2		
4		
8		
10		
바탕 실험액		

(문제2) 회귀 직선식

(Table)

2					
4					
8					
10					
Σ					

① 바탕시험 보정한 값을 Table에 기술하고 계산에 적용하시오.
② 소수점 4째자리까지 기술하고 계산에 적용하시오. (단, 그 값이 0 인 경우는 유효숫자 4자리까지 기술하고 계산에 적용하시오.)
③ n = 4를 적용하시오.

A

B

배점

(문제2) 상관계수(R)

(소수점 4째자리까지 구하시오.)

배점

학과		학년		학번		이름	

수질오염공정시험기준 총인(T-P) 답안지

분석종목	하수처리장 유출수의 총인

(문제 2) 회귀직선식을 기준으로 작성하고, X축의 단위, 산출근거를 명시하며 (Y축은 흡광도) 절편값은 정확한 위치에 명확히 나타내시오.

↑

Y/X →

(X축 산출근거)

배점

학과		학년		학번		이름	
수질오염공정시험기준 총인(T-P) 답안지							
분석종목	하수처리장 유출수의 총인						

	배점	
(문제 3-1)		
(문제 3-2)		
(문제 3-3)		

시료	흡광도	시험위원(인)
채취시료(미지시료 1)		
채취시료(미지시료 2)		
바탕 실험액		

4 총인(T－P) 시약조제 및 실험과정 해설

(1) 시약조제

1) 표준원액조제(1000mL)

→ (표준원액농도 : 0.1mg/mL = 100mg/L)

① 인산이수소칼륨 0.439g을 달아 넣고

② 증류수를 가해 표선을 맞춘다.

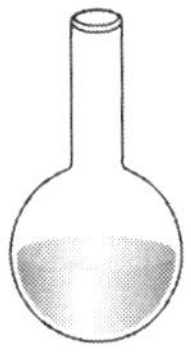

1000mL 플라스크

2) 표준용액조제(200mL) → (표준액농도 : 0.005mg/mL = 5mg/L)

$$\text{희석배수(P)} = \frac{\text{희석 전 농도}}{\text{희석 후 농도}} = \frac{\text{희석 후 유량}}{\text{희석 전 유량}} = \frac{0.1\text{mg/mL}}{0.005\text{mg/mL}} = 20\text{배}$$

$$\therefore \text{표준원액분취량} = \frac{200\text{mL}}{20} = 10\text{mL}$$

① 표준원액 10mL 넣는다.

② 증류수를 가해 표선을 맞춘다.

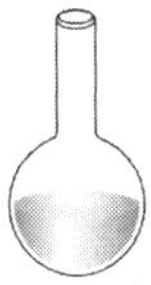

200mL 플라스크

3) 미지시료 조제방법

① 미지시료1 = 표준용액을 8.333배 희석(100 ÷ 12 = 8.333)하여 조제

※ 미지시료1 농도 = 5mg/L ÷ (100mL ÷ 12mL) = 0.6mg/L

② 미지시료2 = 표준용액을 2.5배 희석(100mL ÷ 40mL = 2.5)하여 조제

※ 미지시료2 농도 = 5mg/L ÷ (100mL ÷ 40mL) = 2mg/L

㉠ 표준용액 12mL 넣고

㉡ 증류수로 표선을 채운다.

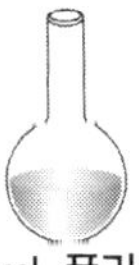

100mL 플라스크
(미지시료1)

㉢ 표준용액 40mL 넣고

㉣ 증류수로 표선을 채운다.

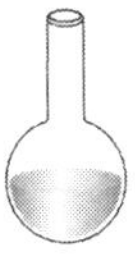

100mL 플라스크
(미지시료2)

4) 황산(2＋1) 100mL 조제

H_2O 33.3mL＋황산 66.6mL 조제

Tip 항상 혼합산을 제조시는 H_2O 넣은 후 산을 주입함

① 증류수를 33.3mL 넣고
② 황산 66.6mL를 피펫으로 취해 넣는다.

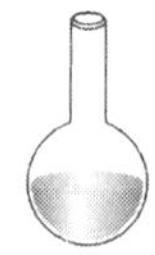

100mL 플라스크

Tip 표선이 아님에 주의해야 함

5) 7.2% L-아스코르빈산 용액 50mL 조제

① 저울에 유산지 1장을 깔고 50mL 비커를 올려 놓고 저울의 영점 조정 ⇒ L-아스코르빈산 3.6g을 단다.
② 증류수통으로 증류수를 천천히 적당량 가한다.
③ 교반기에서 완전히 용해 시킨다.
④ 용해된 시약을 50mL 플라스크에 넣고 표선을 채운다.

50mL 비커 50mL 플라스크

6) 몰리브덴산 암모늄-아스코르빈산 혼합액 조제방법

①몰리브덴산암모늄 1.2g 넣고
②주석산안티몬칼륨 0.048g넣는다.
③증류수 76mL 넣는다.(메스실린더 사용)
} —교반기로 교반→

250mL 비커

①황산(2+1) 24mL 넣고
②슬퍼민산암모늄 1g 넣는다.
} —교반기로 교반→ 7.2% L-아스코르빈산 용액 20mL 넣는다.

—교반기로 교반→ 시약조제 완료

(2) 실험순서

시약조제가 끝나면 100mL 용량 플라스크 7개를 세척하여 준비한다.

1) 전처리 과정

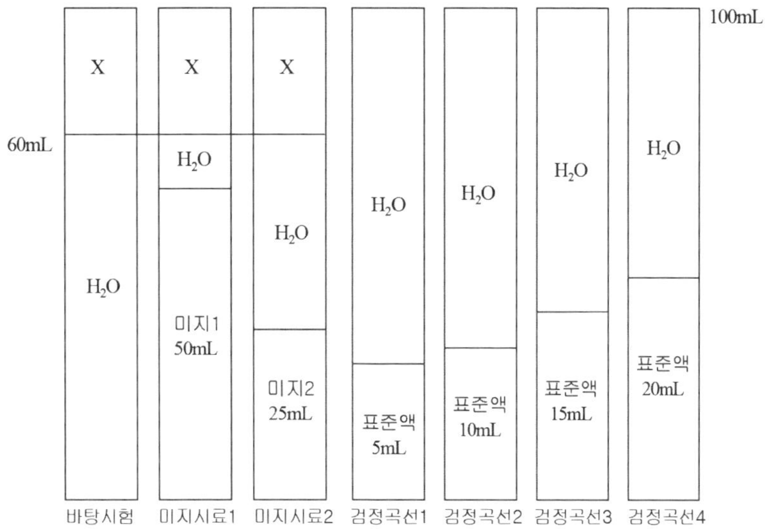

2) 1)의 전처리과정이 끝나면 50mL 용량 플라스크를 세척하여 7개를 세척하여 준비하고 1)번 100mL 용량 플라스크 앞에 놓고 견출지에 똑같이 이름을 적는다.

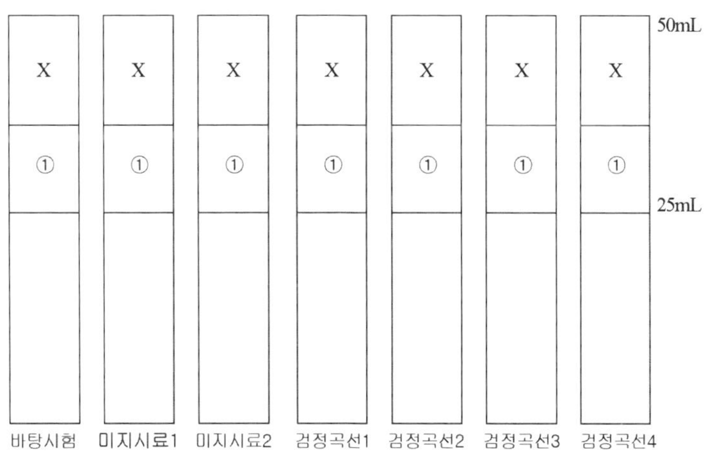

3) 100mL 용량 플라스크에서 각각 25mL씩 분취 후 50mL 용량 플라스크에 넣고 ① 몰리브덴산암모늄－아스코르빈산 혼합액 2mL를 각각 주입한다.

주의 : X부분은 비워둔다.

4) 발색(청색)

5) 880nm에서 흡광도 측정

5 총인(T - P) 조제된 용액의 사진

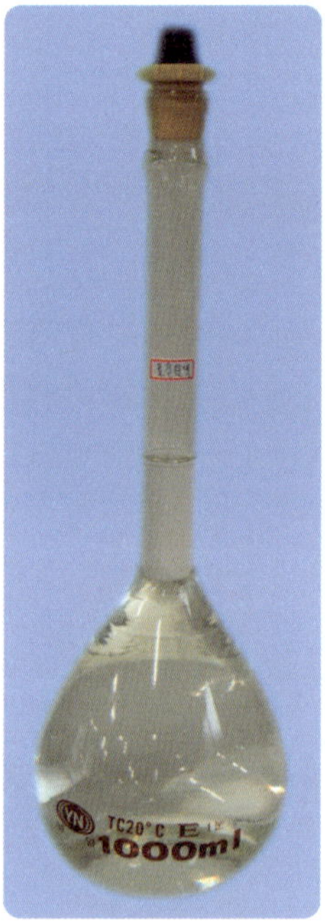

표준원액

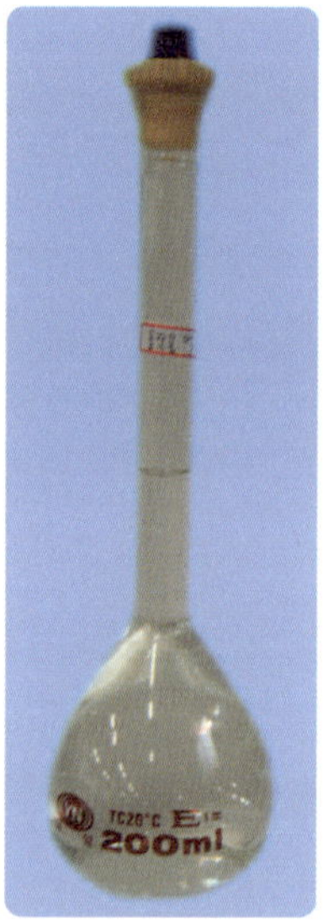

표준용액

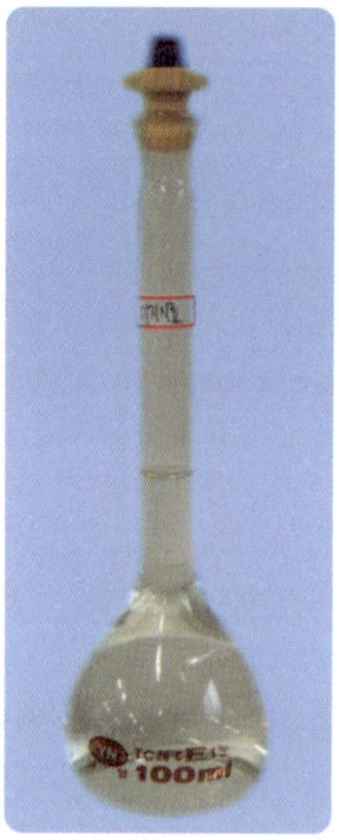

미지시료

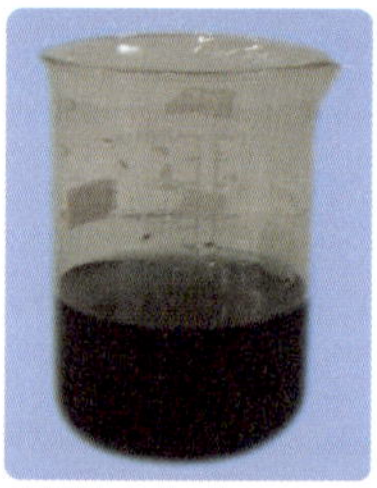

몰리브덴산암모늄-
아스코르빈산혼합액

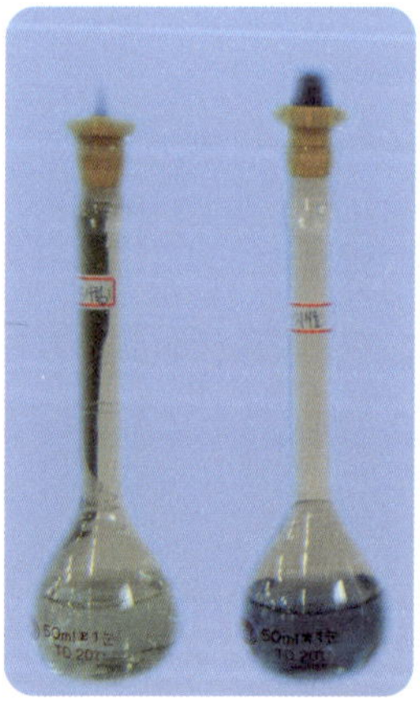

바탕시험　　미지시료

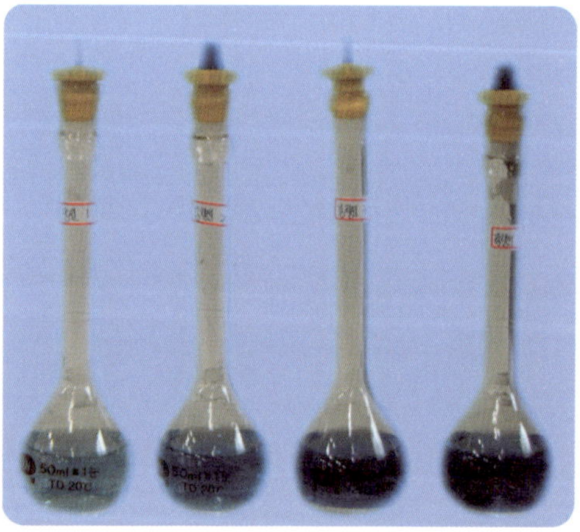

검정곡선 1, 2, 3, 4

CHAPTER 05 용존산소(DO)

1 용존산소(DO) 분석방법

시료를 300mL 측정병(BOD병)에 채수한다.

↓ ← $MnSO_4$(황산망간)용액 1mL를 넣는다.
← $NaOH-KI-NaN_3$(알칼리성 요오드화 칼륨-아자이드화나트륨 용액) 1mL를 넣는다.

측정병을 흔들어 혼합한 다음 2분정도 방치한다.

↓

측정병에 100mL(BOD병의 1/3)이상 상등액이 형성되면

↓ ← H_2SO_4(황산) 2mL를 넣는다.

측정병의 시료 200mL를 메스실린더로 분취하여 300mL 삼각플라스크에 넣는다.

↓ ← 티오황산나트륨용액(0.025M)으로 황색이 될 때까지 적정한다.

황색이 된 삼각플라스크에 진분용액 1mL를 넣는다

↓ ← 티오황산나트륨용액(0.025M)으로 무색이 될 때까지 적정한다.

종말점 : 무색

2 용존산소(DO) 측정 답안지

용존산소(DO) 측정 답안지					
종목 및 등급	환경기능사	배번		시험위원 날인	

용존산소(mg/L)

$$DO(mg/L) = a \times f \times \frac{V_1}{V_2} \times \frac{1000}{V_1 - R} \times 0.2$$

a : 적정에 소비된 티오황산나트륨용액(0.025M)의 양(mL)
f : 티오황산나트륨용액(0.025M)의 인자(factor)
V_1 : 전체 시료의 양(mL)
V_2 : 적정에 사용한 시료의 양(mL)
R : 황산망간용액과 알칼리성 요오드화칼륨-아자이드화나트륨용액 첨가량(mL)

계산식 : $DO(mg/L) = a \times f \times \frac{V_1}{V_2} \times \frac{1000}{V_1 - R} \times 0.2$

$$= 10.5mL \times 1.001 \times \frac{300mL}{200mL} \times \frac{1000}{300mL - 2mL} \times 0.2$$

$$= 10.58mg/L$$

Tip ① V_1은 300mL를 기준으로 한다는 요구사항을 꼭 확인해야 합니다.
② f(역가)는 0.025M 티오황산나트륨용액의 시료병에 표기되어 있으므로 꼭 확인해야 합니다.
③ 계산값과 최종 결과값(답)은 요구사항의 소수점 처리 조건을 꼭 확인해야 합니다.

용존 산소량(mg/L) : 10.58mg/L

적정에 소비된 양 : 10.5mL

학과		학년		학번		이름	
환경기능사 국가기술자격 실기시험 답안지(연습용)							
과제명	용존산소(DO)						

1. 용존산소 산출식을 쓰고 기호의 의미를 기술하시오. (1) DO(O mg/L) =	배점
(2) 계산과정 DO(O mg/L) =	배점
2. DO(O mg/L) :	배점

적정에 소비된 양		시험위원 (인)

3 실험시약

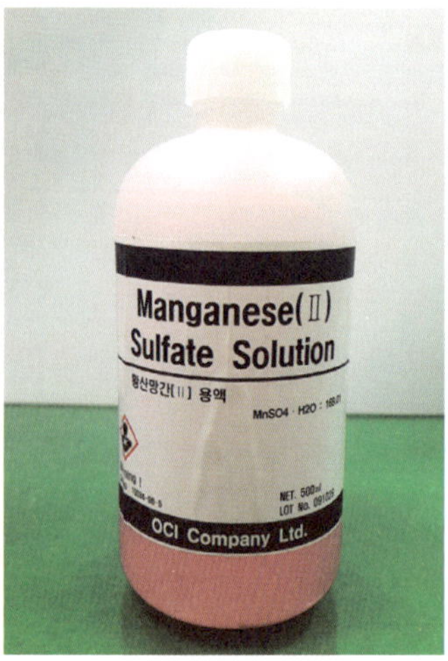		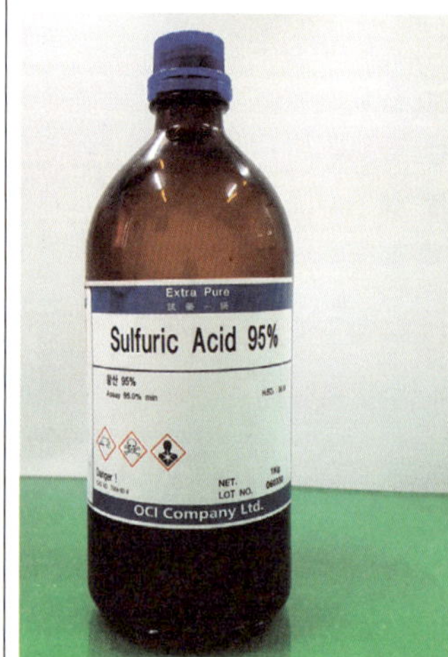
시험용액(황산망간용액)의 모습	시험용액(알칼리성요오드화칼륨-아자이드화나트륨용액)의 모습	시험용액(황산)의 모습

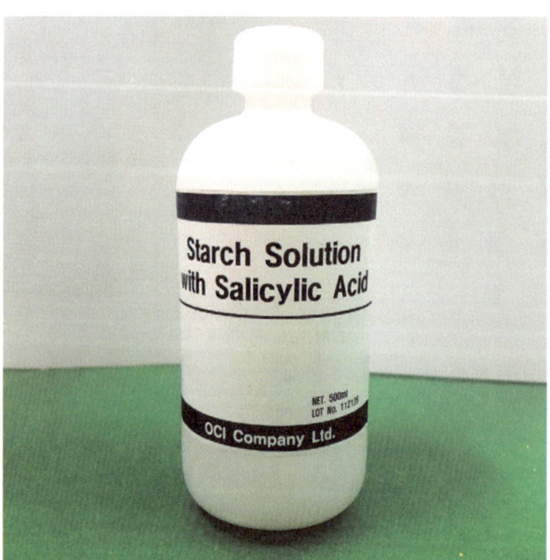	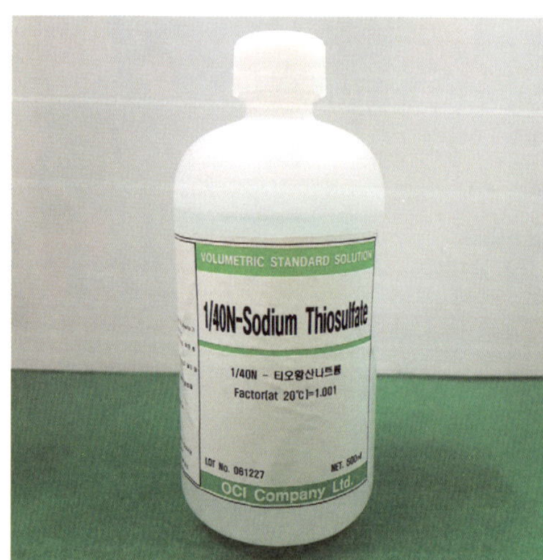
시험용액(전분용액)의 모습	시험용액(0.025M 티오황산나트륨용액)의 모습

4 실험 기자재

	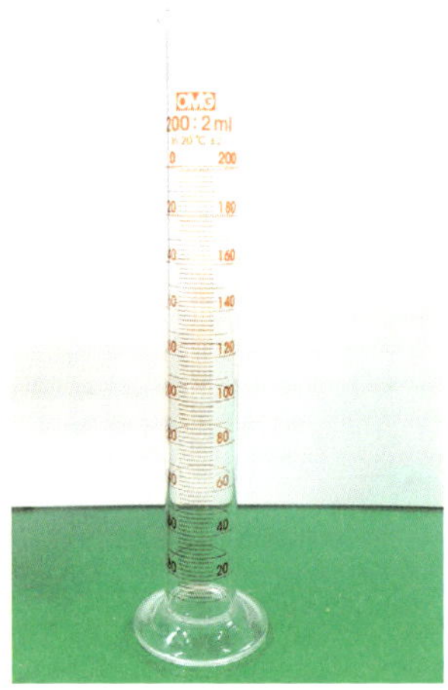	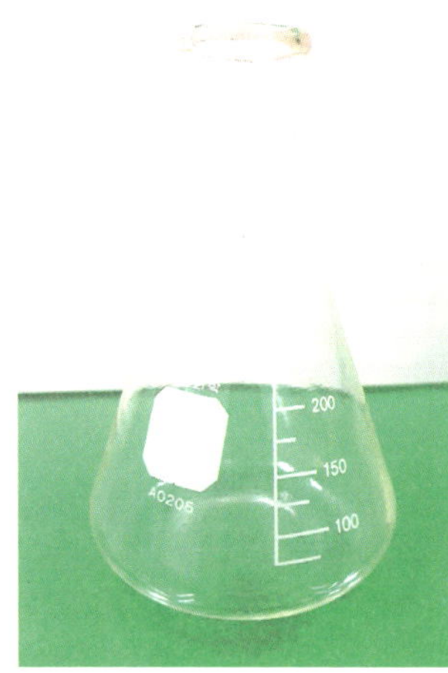
BOD병	메스실린더	삼각 플라스크

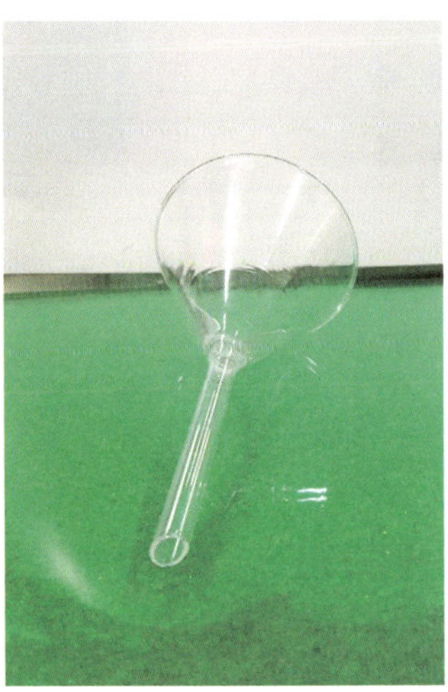		
깔때기	500mL비커	100mL비커

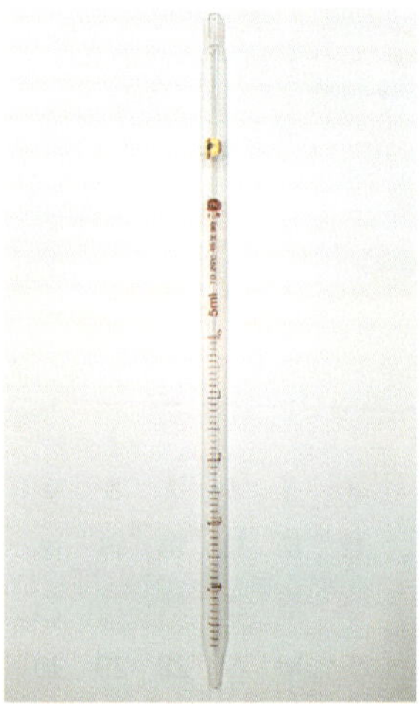	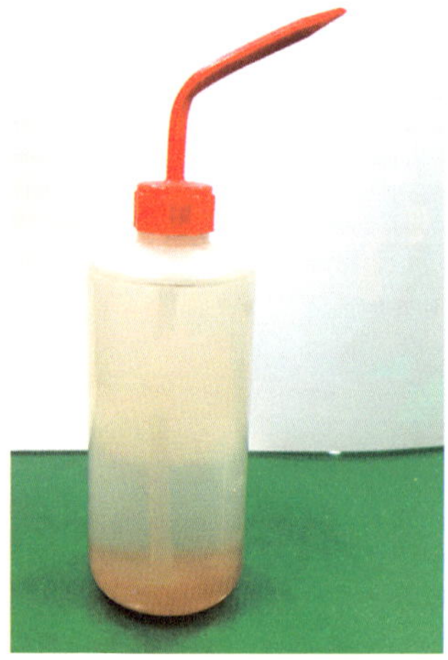	
피펫	세척병	피펫필라

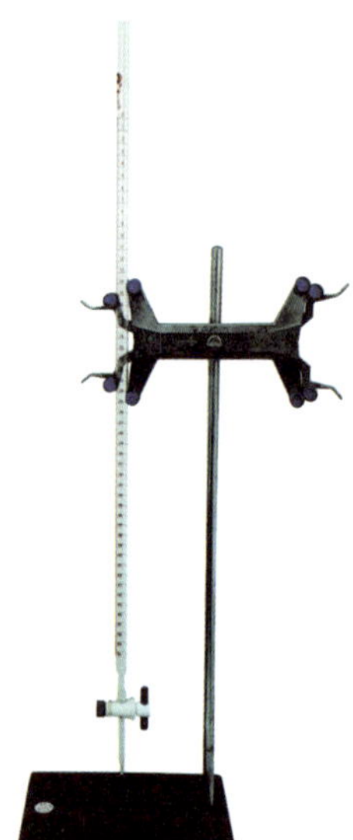
뷰렛

5 실험수행 장면

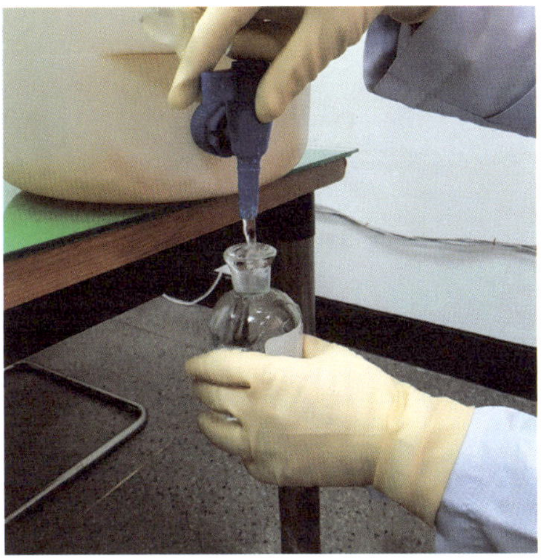

시료채수장면

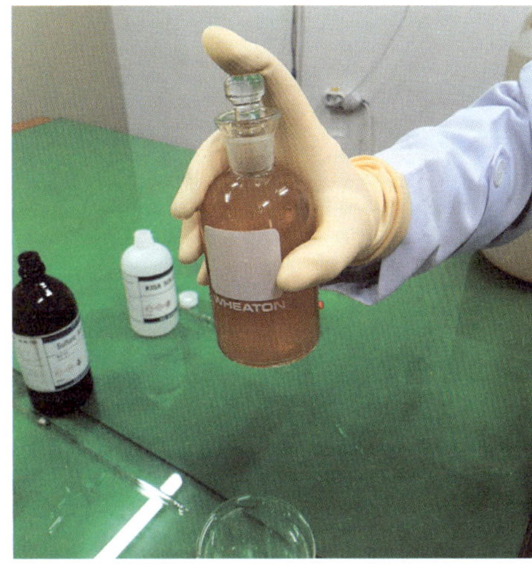

황산망간용액 1mL와 알칼리성요오드화칼륨-아자이드화나트륨용액 1mL를 넣고 혼합한 시료의 장면

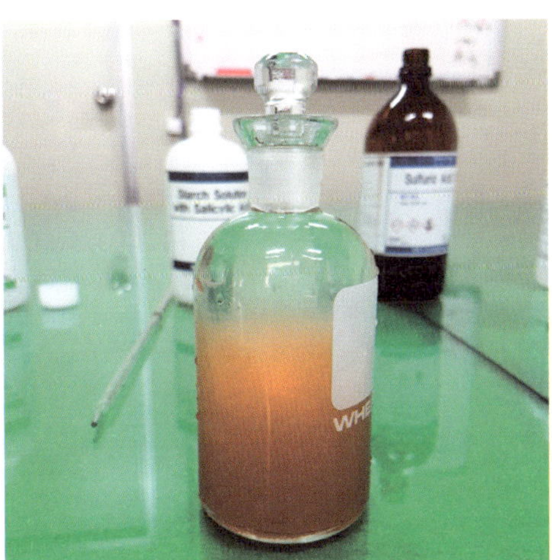

BOD병에 1/3 상등액이 생긴 시료의 장면

황산 2mL를 넣었을때의 시료의 장면

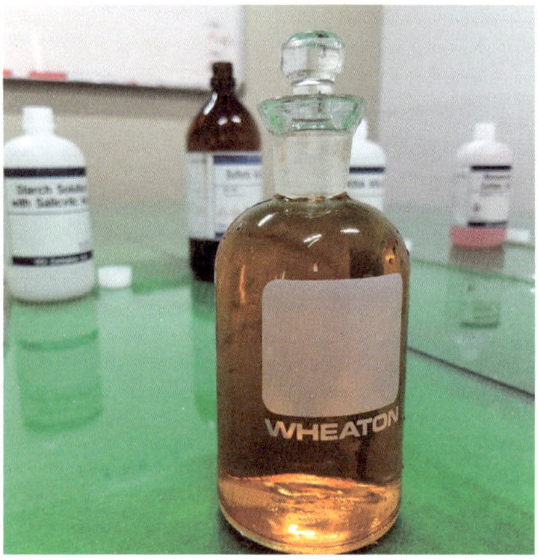

황산 2mL를 넣고 혼합한 시료의 장면

메스실린더로 시료 200mL를 취한 장면

메스실린더로 취한 시료를
삼각플라스크에 옮겨놓은 장면

적정하기 직전의 장면

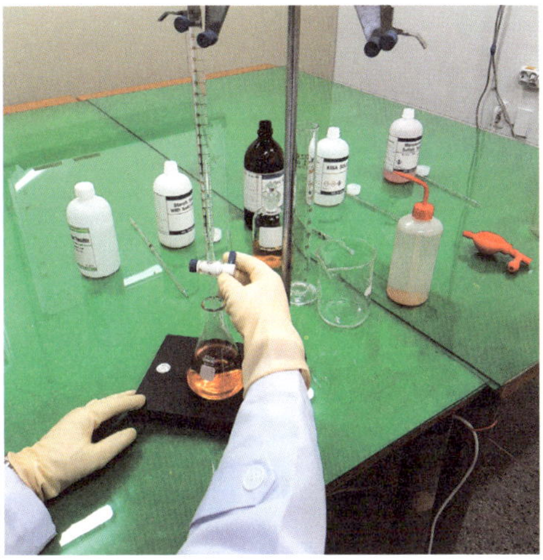

시료용액이 황색이 될 때까지 적정하는 장면

시료용액 황색이 될 때까지 적정된 장면

전분 1mL를 넣은 시료용액의 장면

전분 1mL를 넣고 혼합한 시료의 장면

종말점(무색)으로 변한 시료의 장면

수질환경분석

초판 인쇄 | 2020년 2월 20일
초판 발행 | 2020년 2월 25일
개정1판 발행 | 2023년 1월 20일

지은이 | 전화택 · 김지훈 · 천혜린
발행인 | 조규백
발행처 | **도서출판 구민사**
(07293) 서울특별시 영등포구 문래북로 116, 604호(문래동3가 46, 트리플렉스)
전화 (02) 701-7421(~2)
팩스 (02) 3273-9642
홈페이지 www.kuhminsa.co.kr

신고번호 | 제2012-000055호 (1980년 2월 4일)
ISBN | 979-11-6875-168-2 93400

값 16,000원